国家级职业教育规划教材
全国技工院校服装设计与制作专业教材（中级技能层级）
全国中等职业学校服装类专业教材

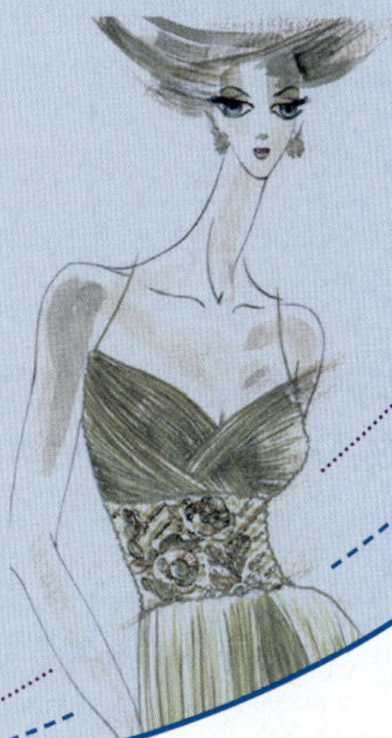

（第3版）

服装材料

人力资源社会保障部教材办公室　组织编写
黄英　主　编

中国劳动社会保障出版社

简 介

本教材分为服装与材料、服装面料基础知识、服装面料性能、常用服装面料、服装面料选配和服装辅料六个部分，主要介绍常见服装面辅料的基本性能、特点与选配，以及纺织用纤维、纱线、织物结构的种类、性能与鉴别等相关基础知识。教材内容图文并茂，文字通俗易懂。为巩固学生对知识的掌握，各章节还设计了实践训练，突出实际运用能力的培养。

本教材由黄英主编，孔庆审稿。

图书在版编目（CIP）数据

服装材料 / 黄英主编 . --3 版 . -- 北京：中国劳动社会保障出版社，2018

全国技工院校服装设计与制作专业教材：中级技能层级　全国中等职业学校服装类专业教材

ISBN 978-7-5167-3478-0

Ⅰ . ①服…　Ⅱ . ①黄…　Ⅲ . ①服装 – 材料 – 中等专业学校 – 教材　Ⅳ . ① TS941.15

中国版本图书馆 CIP 数据核字 (2018) 第 112807 号

中国劳动社会保障出版社出版发行

（北京市惠新东街 1 号　邮政编码：100029）

*

北京市艺辉印刷有限公司印刷装订　新华书店经销

787 毫米 × 1092 毫米　16 开本　11 印张　207 千字

2018 年 6 月第 3 版　2022 年 6 月第 5 次印刷

定价：28.00 元

读者服务部电话：（010）64929211/84209101/64921644

营销中心电话：（010）64962347

出版社网址：http://www.class.com.cn

http://jg.class.com.cn

前　言

全国中等职业技术学校服装设计与制作专业教材自2002年出版以来，在职业院校教学及相关培训中发挥了重要作用，受到广大师生的好评。近年来，随着服装行业的发展，企业对服装从业人员的知识水平和技能水平提出了更高的要求。为了适应这一变化，满足学校培养人才的需求，我们对现有教材进行了修订。

在本次修订工作中，我们收集了服装企业对技能型人才的具体要求以及学校使用教材的反馈意见，组织了一批教学经验丰富、实践能力强的教师与行业、企业专家进行充分研讨，确定重点做好以下几方面工作：

第一，更新教材内容。根据服装行业的发展变化，调整更新了相关教材的结构和内容，体现行业新理念、新标准、新技术和新工艺。进一步增加实践性教学内容的比重，在服装结构制图、服装CAD等主要技能课教材中，更多地选用与企业生产结合紧密的实践案例，并配以详细的过程分析和操作指导，以引导学生运用所学知识分析和解决实际问题。

第二，提升教材表现力。通过设置“操作提示”“自测园地”“知识拓展”等不同栏目，增加教材的亲和力，激发学生的学习兴趣。同时，尽可能多地以图表代替冗长的文字叙述，使教材更加生动直观，易于学习。

第三，加强立体化资源建设。在修订教材的同时，补充开发配套的电子课件，电子课件可通过职业教育教学资源和数字学习中心（http://zyjy.class.com.cn）免费下载。在《服装CAD（第三版）》等教材中引入二维码技术，针对教材的重点和难点制作了演示视频等多媒体素材，使用移动终端扫描书中相应位置处的二维码即可在线观看。

本套教材的修订工作得到了有关学校的大力支持，教材的编审人员做了大量的工作，在此，我们表示衷心的感谢！同时，恳切希望广大读者对教材提出宝贵的意见和建议。

人力资源社会保障部教材办公室

目　录

第一章　服装与材料 …… 1
第一节　服装材料的种类 …… 2
第二节　服装材料与服装设计 …… 8

第二章　服装面料基础知识 …… 13
第一节　面料组织结构 …… 14
第二节　纤维与纱线 …… 22
第三节　面料外观、成分及结构分析 …… 35

第三章　服装面料性能 …… 47
第一节　服装面料基本性能指标 …… 48
第二节　服装面料服用性能指标 …… 56

第四章　常用服装面料 …… 63
第一节　梭织面料 …… 64
第二节　针织面料 …… 84

第五章　服装面料选配 …… 93
第一节　服装面料选配基本要求 …… 94
第二节　服装面料选配方法 …… 100
第三节　不同类别服装面料选配 …… 106

第六章 服装辅料 …… 115

第一节 服装里料 …… 116

第二节 服装填料 …… 120

第三节 服装衬料 …… 126

第四节 服装垫料 …… 135

第五节 线类材料 …… 141

第六节 紧扣材料 …… 150

第七节 商标和标识 …… 161

参考文献 …… 170

第一章
服装与材料

服装是一门综合艺术，它体现了材质花色、款式造型、制作工艺等多方面的美感。世界上各个国家与民族，都有着自己特有的服饰文化和审美情趣。服装材料是构成服装的物质基础，不同原料、结构、性能、质地、风格的服装材料，其设计表现手法、制板要求、工艺条件等各不相同。因此，从某种意义上说，服装材料是服装设计工程中的一个关键环节。

本章主要介绍服装材料的种类及服装材料对服装设计的影响等知识。

学习目标

- 了解服装材料的种类。
- 了解服装材料对服装设计的影响。

第一节　服装材料的种类

服装材料主要包括服装面料和服装辅料两大类。服装面料是缝制各类服装所使用的主要材料的统称。现代服装设计不仅仅使用传统的织物，甚至使用塑料、金属、非纺织材料等制品作为服装面料。随着科学的进步，新型纺织材料不断被开发和利用，使得服装面料的风格和面貌日新月异、变化无穷，为服装设计的创新提供了更广阔的天地。

服装辅料是制作服装时所用的主料以外的其他所有材料的总称，如纽扣、拉链、里布、缝纫线、装饰材料、包装标牌等。服装辅料是缝制服装不可缺少的部分，恰当地选配辅料，使其与面料相得益彰，还能对服装设计理念的表达起到“画龙点睛”的作用。因此，了解各类服装材料的特性与使用要求，将有助于我们运用更丰富的设计语言来表达服装的设计理念。

一、服装面料的种类

服装面料种类繁多，风格各异。面料选择是否得当，对服装设计成功与否起着决定性作用。因此，了解并掌握面料的种类、成分、特性、结构等知识，是一名服装设计师必备的专业能力。

1. 按面料的加工方法分类

按照面料加工方法的不同，面料可以分为梭织面料、针织面料、非织造材料、裘皮和皮革四类。

（1）梭织面料　梭织面料是指由经、纬两组相互垂直的纱线系统，按照一定的规律相互交织而成的织物。其中，与布边平行的一组纱线叫作经纱，与布边垂直的一组纱线叫作纬纱。梭织面料具有丰富的织纹效果、良好的保形性与尺寸稳定性，因此是应用最广泛的服装面料，如图 1—1 所示。

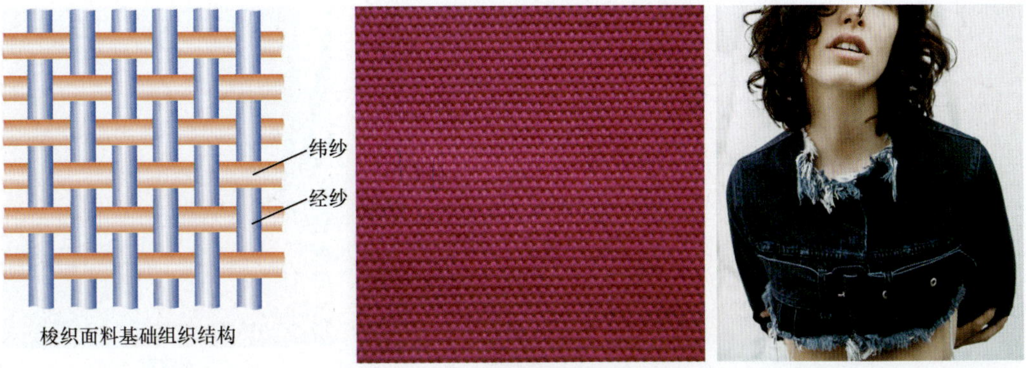

图 1—1　梭织面料与服装

（2）针织面料　由一根或若干根纱线，沿纬向或经向弯成线圈，再由线圈相互套结而成的织物，叫作针织面料，如图 1—2 所示。若线圈沿纬向相互套结而成，则称为纬编，如日常生活中手工编织的毛衣，就属于纬编织物。若线圈沿经向相互套结而成，则称为经编。针织面料具有较好的弹性、柔软性以及吸湿透气性，因此是运动装、内衣等的常用面料。

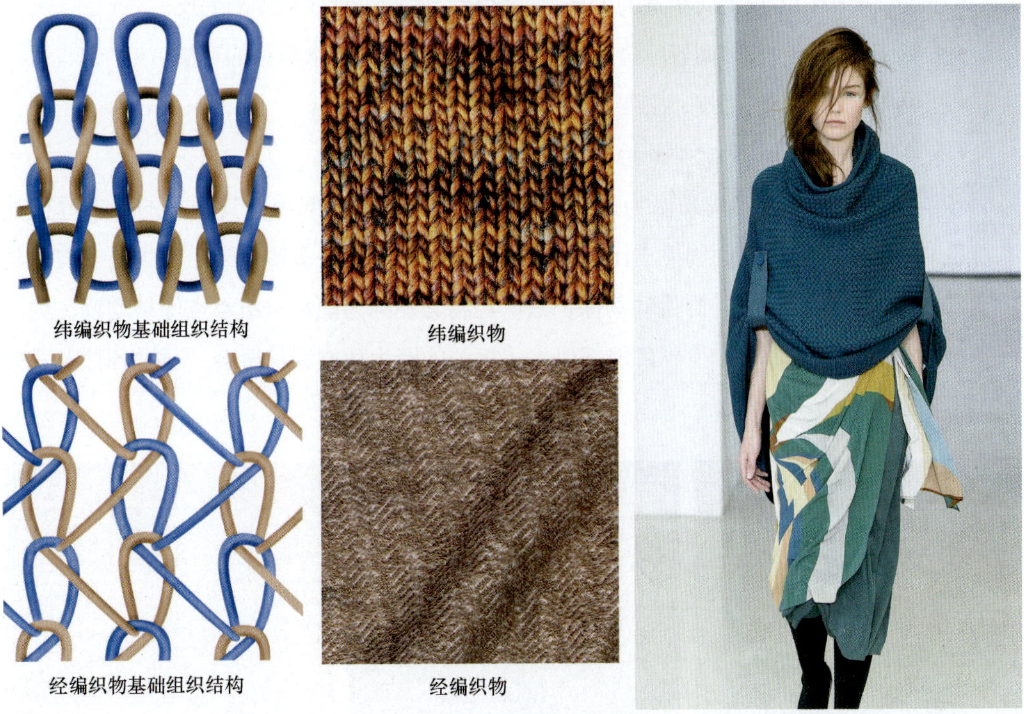

图 1—2　针织面料与服装

（3）非织造材料　不经过纺织织造工艺，由纤维通过一定方式聚合而成的材料，叫作非织造材料，如图 1—3 所示。如一次性内衣、一次性毛巾、婴儿纸尿裤等所使用的无纺布，做毡帽、西服领底的毡呢等，都属于非织造材料。

毛毡　　针刺棉　　无纺布

图 1—3　非织造材料

（4）裘皮和皮革（见图 1—4）

1）裘皮　裘皮是指由动物的带毛皮经特殊化学处理和工艺处理而制成的高级天然服装面料，它是高档冬季服装面料，具有保暖、轻柔、华贵的特点。商业中，根据毛的长短、毛绒的细密程度、毛皮的粗细、经济价值等情况，将裘皮分成以下四等。

- 小毛细皮类：毛短密而珍贵的毛皮，如紫貂、水獭、黄鼠狼等的毛皮。
- 大毛细皮类：毛长密而较珍贵的毛皮，如狐狸、貉子、水貂等的毛皮。
- 粗毛皮：毛粗长的毛皮，主要有绵羊皮、山羊皮等。
- 杂毛皮：指狸猫、兔之类的毛皮。

各类毛皮均以冬季毛皮质量为最佳，因为动物为了抵御寒冷，其冬季的毛丰厚而油亮。且北方、高原地区的动物毛皮比南方、平原地区的好。许多珍贵野生动物的毛皮是禁止交易的，如紫貂，我国《野生动物保护法》已将紫貂列为国家一级重点保护动物。为了保护野生动物，减少杀戮，世界各地都建立了相关的野生动物保护协会，通过各种形式来反对不法商家的违法行为。

紫貂　　光面牛皮革　　绒面牛皮革

图 1—4　裘皮和皮革

2）动物革　动物的毛皮经鞣制去毛处理后，成为具有一定柔韧性且不易腐蚀的皮，称为动物革。应用在服装上的动物革主要有羊皮革、牛皮革、猪皮革等。动物革可分为光面革与绒面革两类。

2. 按加工面料所用原料分类

按加工面料所用原料的不同，可将面料分为纯纺面料、混纺面料和交织面料三大类。

（1）纯纺面料　纯纺面料所用的纱线是由一种原料构成的，如纯棉面料、全毛面料、纯真丝面料等。

（2）混纺面料　将两种或两种以上不同种类的纺织纤维按一定比例混合纺成的纱线织造而成的面料，就是混纺面料。混纺面料可以弥补单一原料性能上的不足，因此应用非常广泛，如涤棉面料、涤毛面料、丝棉面料等。

（3）交织面料　交织面料是指经、纬纱线各自采用不同的原料，在织机上相互交织而成的面料。如经丝用真丝，纬丝用人造丝，相互交织，就可以使织物既具有真丝外观效果，又比纯真丝织物价格便宜。

3. 按面料幅宽分类

幅宽是指织物横向的宽度，有外幅与内幅之分。外幅是指织物两布边间的横向宽度；内幅不包括布边，仅指布身横向的宽度。按织物幅宽的大小，面料可以分为狭幅、中幅和宽幅三大类。

（1）狭幅织物　凡是幅宽在 99 厘米以下的织物，称为狭幅织物。

（2）中幅织物　凡是幅宽在 100 ～ 139 厘米的织物，称为中幅织物。

（3）宽幅织物　凡是幅宽在 140 厘米以上的织物，称为宽幅织物。

织物幅宽的大小主要决定于织物的用途以及加工设备。在选择面料的幅宽时，主要考虑面料的用途与裁剪等因素。如日本的和服绸幅宽仅 36.7 厘米，衬衫面料幅宽一般为 114 ～ 144 厘米，外套面料幅宽一般为 144 厘米。目前，由于纺织业大量使用无梭织机，同时宽幅面料有利于批量生产和灵活排料，因此服装面料的幅宽有向宽幅发展的趋势。

二、服装辅料的种类

服装辅料在服装中虽然处于“辅助”地位，但却是服装必不可少的组成部分，图 1—5 中服装主、辅材料相互映衬，使服装个性特征更加彰显。随着服装辅料生产工艺的快速发展，其对服装的装饰性、加工性、舒适性、保健性、耐用性、功能性以及经济性的影响显得越来越重要。服装辅料种类繁多，可根据功能的不同分为八大类，如图 1—6 所示。

图 1—5　主、辅材料相互映衬

- 服装辅料
  - 里料
    - 天然纤维织物（如棉细布、电力纺、洋纺、乔其纱等）
    - 化学纤维织物（如涤丝纺、美丽绸、醋丝纺、涤塔夫等）
    - 其他材料（如羊羔毛、人造毛等）
  - 填料
    - 天然填料（如棉花、羽绒、丝棉、驼绒等）
    - 化纤填料（如腈纶棉、太空棉、远红外棉等）
  - 衬料
    - 毛发衬（如黑炭衬、马尾衬等）
    - 棉麻衬（如棉布衬、麻布衬等）
    - 化学衬（如无纺粘合衬、有纺粘合衬、树脂衬等）
  - 垫料
    - 肩垫（如海绵肩垫、定型肩垫、针刺棉肩垫等）
    - 胸垫（如组合胸衬、粘合衬等）
    - 其他（如领底呢、臀垫、袖窿条等）
  - 线类材料
    - 缝纫线（如纯棉线、涤棉线、化纤线、包芯线等）
    - 工艺装饰线（如绣花线、编结线、金银线等）
  - 紧扣材料
    - 拉链（如注塑拉链、尼龙拉链、金属拉链等）
    - 纽扣（如各式合成材料纽扣、金属纽扣、天然材料纽扣等）
    - 金属扣件（如四合扣、五爪扣、按扣、气眼、牛仔扣等）
    - 带类（如松紧带、尼龙搭扣、织带等）
  - 商标、标识
    - 商标（如各式唛头、吊牌等）
    - 标识（如洗护标识、号型标识、成分标识等）
  - 其他装饰性材料（如花边、装饰链条、珠片、贝壳、珍珠等）

图 1—6　服装辅料的种类

自测园地

请根据以下检测内容，对本节的学习效果进行自我评价。已做到的项目打"√"，没做到的项目打"×"。没有做到的项目请同学们反思为什么没有做到，并继续加强学习。

序号	应知应会	自我评价
1	已清楚服装面料与服装辅料在服装中的作用	
2	能说出至少 5 种面料、辅料名称	
3	已了解面料的基本类型	
4	已了解辅料的基本类型	

知识拓展

3D 打印服装技术

随着科技的不断进步，科技与时尚的结合也越来越紧密。3D 打印技术的问世，让服装不再需要裁剪与缝纫成为现实。3D 打印技术配合 3D 人体测量、CAD、CAPP 等技术，实现自动化的"单量单裁"，使人人都可以成为时尚设计师，为自己量身打造个性化服饰。

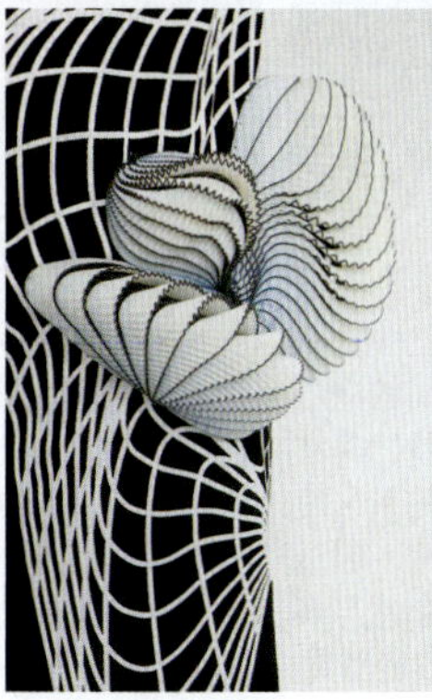

自从 2010 年荷兰设计师伊里斯·凡·赫本在阿姆斯特丹时装周上首度发表 3D 打印服装之后，3D 打印服装就开始不断涌现。我们有理由相信，随着 3D 打印技术的日趋成熟，3D 打印服装将离我们的生活越来越近。

第二节　服装材料与服装设计

服装材料是设计师表达情感、诠释设计理念的重要载体。设计师在选择服装材料时，主要从合理性、美观性、功能性等几个方面来综合考虑。

一、服装材料与服装审美效果

服装的美观主要是指服装外观审美效果，如造型、色彩、光泽、肌理及手感等。服装的审美效果与服装材料是密切相关的，如图 1—7 所示。

两种厚薄、光泽、色彩不同的涂层面料，搭配轻盈透明的欧根纱，非常好地控制了各材质间的比例关系，使服装既焦点突出，又有层次感、通透感，诠释了现代女性多重的个性与多姿的内心世界，突出了服装的造型美

高饱和度色彩的创造性组合，以红色调为主，通过面料肌理再造、高光涂层面料点缀及未来感透明塑料质头罩的装饰，整个系列凸显出另类感和未来感，映射出年轻人激情、反叛、不满现实的内心呼喊，突出了服装的个性美

通过上下对比，表达现代社会对华丽的理解：暖色与中性色对比，既高调又内敛；上装精美又不繁缛的刺绣及轮廓鲜明的外廓造型，与下装朴实、简洁的质感和工艺形成对比，体现出服装低调的奢华美

图 1—7　服装材料与服装审美效果

1. 材料的质感美

材料的质感主要体现在光泽、肌理、刚柔性、厚薄等几个方面。不同服装材料有不同

的质感，带给人们不同的外观美感。

（1）材料的光泽 材料的光泽是指由材料表面的反射光或使用的电子类发光材料形成的一种视觉效果。材料的光泽感不同，产生的视觉感受就不一样。比如缎类面料、光泽型涂层面料以及装饰材料中常用的珠片、亮片、宝石等，这些材料光泽感较强，能起到强化服装廓型、聚焦视觉焦点的作用，使着装者很容易成为众人瞩目的焦点，因此是礼服、舞台表演服的常用材料。而棉、麻、毛类面料以及木料、石材、贝壳等饰材，其光泽感较弱，给人休闲自在、舒适安逸、回归自然的感受，是家居、运动、休闲等服装的常用材料。

（2）材料的肌理 肌理是指材料表面的纹理效果，它主要取决于材料的材质、结构、后处理等因素。服装是人类的第二皮肤，材料的肌理美感是体现服装外观艺术美感的重要因素，在服装造型设计中，需要通过不同的肌理感来表达情感、宣扬个性和诠释设计理念。材料有的柔软蓬松厚实，有的透明飘逸轻薄；有的细腻光滑，有的又如浮雕般凹凸不平；有的粗糙古朴，有的又如金银般耀眼闪烁。千姿百态的肌理效果呈现出变幻莫测的意境，给人无尽的遐想和美的享受。

材料的肌理效果不仅仅局限于面料本身的织纹效果，我们还可以通过一些特殊的工艺或造型手段再造肌理。如利用绗缝、抽皱、折叠、堆积、编织等手法，可以让服装产生如雕塑般的美感。因此，也有人说服装是流动的建筑。

（3）材料的刚柔性 刚柔性即材料的刚柔程度。服装材料的刚柔性对材料的触感、视觉效果、造塑性、保形性等都有影响。面料细密平整、外观挺括的服装，给人干练、精神、自信的感觉，如西服、制服。皮革服装外观光滑挺括，质地硬朗，有前卫、嬉皮、阳刚之感。有时候我们需要让自己的身心得到充分的放松，轻松自在地享受闲暇时光，这时的着装就要求自然、放松，甚至可以懒散，那么那些柔软舒适、朴实自然的材质就成为家居休闲服的首选，如棉麻面料、针织面料以及一些具有大自然气息的小饰物等。因此，服装的刚柔之美在很大程度上要依赖服装材料来体现。

（4）材料的厚薄 质地轻薄透明的面料，能突显人体的曲线美，可营造性感优雅、朦胧神秘的艺术效果，如雪纺、乔其纱、蕾丝等面料。而质地厚实蓬松的面料，则给人温暖、朴实之感，如粗花呢绒、灯芯绒等面料。在服装设计中，我们要准确把握各种材料的质感特性，结合服装的整体风格要求，合理而和谐地进行搭配，以充分展现各种材料的质地魅力。

2. 材料的色彩美

服装的色彩不仅仅是一种颜色符号，它更多地是表达一种情感。习惯上大家喜欢用颜色给人的感觉来描述色彩的特点，这样，色彩就有了明暗、冷暖、大小、轻重之分。如高饱和度的色彩，给人明亮、强刺激的感觉，从而使服装具有强烈的动感；低饱和度的色彩，给人朴实、平静或中庸的感觉，从而使服装具有淡雅宁静之情。明亮的色彩有扩张的效果，而暗淡的色彩有收缩的效果。因此，合理地利用色彩，既可以使服装美观大方，还可以使服装拥有强烈的情感，从而引发消费者的共鸣。

总而言之，材料是成就服装美感的重要因素，只有充分利用材料的特性才能更好地突出服装所要达到的效果。

二、服装材料与服装

广义的服装是人体穿着、佩戴的所有物品的总称，主要包括衣服、首饰、鞋、帽、包等，狭义的服装通常泛指衣服。从更深层的含义来讲，服装也是一种着装状态，这种状态由着装者气质、衣服以及所处的环境共同组成。因此，服装兼有实用性与审美性的双重特性。远古时期，人类为了谋求生存，以树叶、兽皮遮身护体；如今，人们更注重通过服装来表达自我审美、展示生活情趣，服装已成为一种备受关注的艺术品。

1. 服装的功能

服装的功能主要表现在以下两个方面。

（1）身体保护功能　即针对自然环境及人们生活环境对身体产生保护的服装功能。

1）气候调节功能　气候调节功能是指通过对人体不适应的自然环境或人工环境的温度、湿度条件进行调节，从而保持人体生理机能正常的功能。

2）防护功能　防护功能是指通过抵御外界的物理伤害和化学污染，从而保护身体的功能，如宇航服等特殊环境下穿着的服装就具有防护功能。

（2）社会及心理功能　社会及心理功能是指以帮助人们适应社会环境及人际关系为目的的社会及心理调适方面的服装功能。

1）礼仪功能　礼仪功能是指通过适合社会礼仪和习惯的着装来表达个人思想和情感的功能。

2）身份标示功能　身份标示功能是指利用服装标示着装者的性别、年龄、职业、地位等的功能。

3）装饰身体功能　装饰身体功能是指满足人们内在的、对美的需求的功能。服装的装饰美是人类表达个性与思想的一种手段。

总之，人类的正常生理机能和一切活动都离不开服装，服装是人类社会物质生活与精神生活不可缺少的组成部分，它的演变和发展与人类社会的经济、政治、文化发展密切相关。

2. 服装材料对服装功能的影响

不同场合穿着的服装需要满足不同的功能要求，而服装的功能在很大程度上是由所使用的材料来实现的。如大家都熟悉的保暖内衣，就是用保暖性好或具有特殊保暖功能的面料加工而成的；又如工作服，为了保证有足够的耐穿性，就必须使用强度高、耐磨性好、布身结实紧密的面料制作，如果是特殊工作环境下穿着的工作服，还必须使用功能性材料，如防毒服、防辐射服等。

另外，对于服装辅料的选择也必须考虑到服装功能的需要。如婴幼儿服装要避免使用易使婴幼儿误食或误伤的材料，如食物形状的纽扣、金属拉链、有棱角的装饰品、易掉色的材料等。因此，只有充分了解了各种服装材料的性能，才能设计出高品质、受欢迎的服装。

自测园地

1. 分组讨论下列服装，谈谈从中所感受到的服装与材料的设计美感。

2. 到服装市场拍摄至少 5 款当季时装，以小组为单位完成一份市场采风的 PPT 汇报材料，要求图文结合，与大家一起分享你们眼中的美。

知识拓展

面料的肌理再造

面料的肌理再造，也叫面料的二次设计，是设计师根据服装设计的需要，对现成的面料进行加工和改造，使之产生特殊的艺术魅力，也使服装的附加值得到了极大的提升。

服装面料二次设计的方法有很多，可归纳为以下三种：

1. 加法设计：通过刺绣、缀珠、扎结绳、褶裥、各类手缝等手段来改变面料的外观形态。

2. 减法设计：主要有镂空、烧洞、撕破、磨损、腐蚀等方式。

3. 织染：如手工编结、手绘、扎染、蜡染、数码喷绘等。

同学们，是否有兴趣来改造一下自己的旧衣服呢？也许会有意想不到的收获哦！

第二章

服装面料基础知识

世界著名设计师克里斯汀·迪奥（Christian Dior）曾说过："面料不仅能表现设计师的设计梦想，而且能激发设计师的设计灵感。"可以说，服装面料是设计灵感的源泉。本章主要从面料的组织结构、原料特性等方面对面料特性进行更深入的分析，并学习织物分析的基本内容与方法。

学习目标

- 了解梭织面料、针织面料各自的特点。
- 掌握面料的组织结构类型及特性，能识别简单组织结构。
- 了解纤维、纱线的种类及其主要特性。
- 掌握织物分析的基本内容与方法。

第一节　面料组织结构

组织结构、纤维、纱线是构成服装面料的三大基本单元。织制面料的组织结构不同，所使用的纤维、纱线种类不同，面料的外观风格、手感和性能就会千差万别。纤维、纱线及服装面料之间的关系如图 2—1 所示。

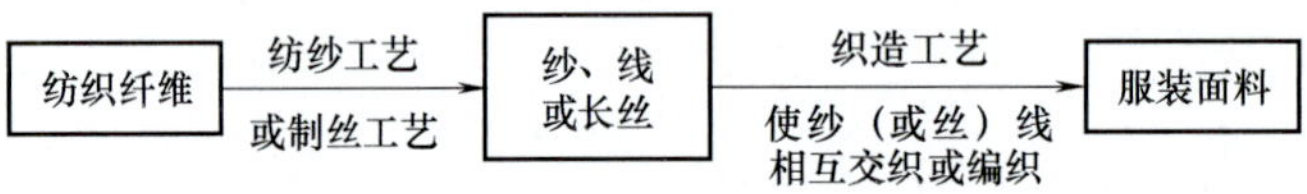

图 2—1　纤维、纱线及服装面料之间的关系

所谓组织结构，就是织物中纱线的交织或编织规律。织物的组织结构不同，其外观风格、手感、物理性能、服用性能等方面都会有一定的差异。

一、梭织面料

梭织面料是制作服装使用最多的一种面料。在织机上，经纬纱线按照事先设计好的规律反复循环交织形成的面料称为梭织面料，交织规律不同，得到的面料外观以及内在性能也随之改变。按照织物组织结构的不同，梭织面料可以分为原组织、变化组织、联合组织、复杂组织和大提花织物五大类，它们是在不同开口机构的织机（见图 2—2）上织造而成的。

1. 原组织

原组织是织物的基础组织，其他各类组织都是由原组织变化而来的。根据经纬纱线交织规律的不同，原组织可分为平纹、斜纹和缎纹三大类，所以又叫作三原组织。

（1）平纹组织　平纹组织是所有织物组织中最简单也是使用最多的一种组织，它是经、纬纱线按照一上一下的规律相间交织而成的，平纹组织结构如图 2—3 所示。平纹织物属于双面织物，无正反面之分。平纹织物的特点有：

1）一个组织循环中经纬纱根数最少，经纬交织点排列紧密，织物正反面结构一样。

2）布面上经纬交织点最多，排列紧密，织物质地坚挺、手感较硬挺。

1. 简单开口织机主要用于织造原组织、变化组织、简单联合组织等结构较简单的织物

2. 多臂开口织机主要用于织造联合组织、复杂组织、小提花组织等结构较复杂的织物

3. 提花开口织机主要用于织造组织结构复杂的大提花织物

图 2—2　不同类型梭织面料织机

平纹组织虽为最简单的组织，但在织制时，如果配以不同原料、不同粗细、不同色彩的纱线，采用不同的经纬纱密度以及不同的织造工艺，就可以得到不同外观与性能的平纹织物。如棉织物中的细布、府绸，毛型织物中的凡立丁、派力司，化纤织物中的棉绸、雪纺，丝绸织物中的电力纺、双绉、乔其纱等，都属于平纹织物，但它们由于原料、密度、织造工艺各不相同，就具有了不同的外观效果。一些提花织物也常以平纹作地组织。常见的几种平纹织物如图 2—4 所示。

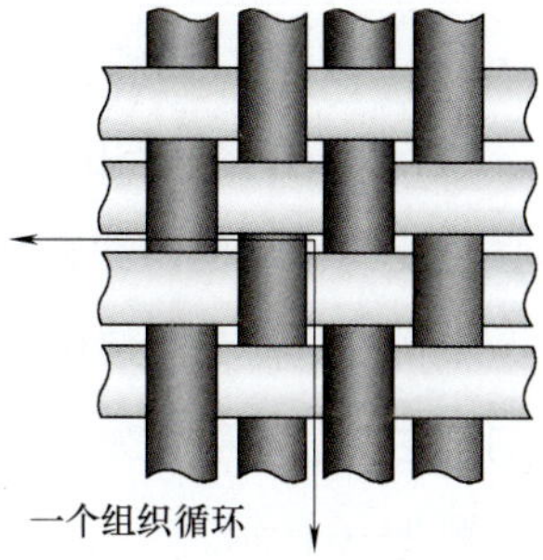

图 2—3　平纹组织结构

平纹毛型织物

乔其纱

色织棉麻平布

平纹地提花织物

图 2—4　平纹织物

（2）斜纹组织　斜纹织物的表面有由经（或纬）组织点连续构成的斜向织纹，织纹向右的叫右斜纹，织纹向左的叫左斜纹，如图 2—5 所示。

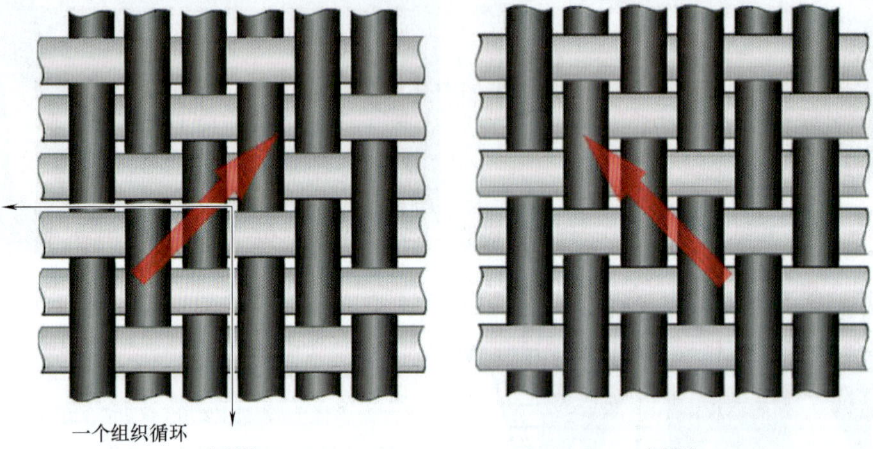

图 2—5　斜纹组织结构

斜纹织物的特点如下：

1）布面上经纬交织点数比平纹少，纱身弯曲也较小，故织物比较柔软，光泽和弹性比平纹织物好。

2）布面有由经向浮长线或纬向浮长线构成的斜向织纹，因此织物有正反面之分。

3）由于交织点比平纹少，因此在同原料、同细度、同经纬密度的情况下，织物的强力要比平纹差，故在织制斜纹时，一般通过增加经、纬纱的密度来提高织物的强力。

斜纹织物在服装中运用也非常广泛，如斜纹牛仔布，制作休闲服的卡其布，毛料中的华达呢、哔叽以及作里布的斜纹绸、美丽绸等，都是斜纹组织织物。常见的斜纹面料如图 2—6 所示。

印花斜纹面料　色织斜纹面料　斜纹牛仔面料

图 2—6　斜纹面料

（3）缎纹组织　缎纹组织是原组织中最复杂的一种。这种组织的特点在于织物表面存在较长的经向浮长线或纬向浮长线，而起固结作用的单独交织点互不连续且相距较远，并被其两旁长长的浮长线所遮盖，因此织物表面富有光泽，手感润滑柔软，如图 2—7 所示。

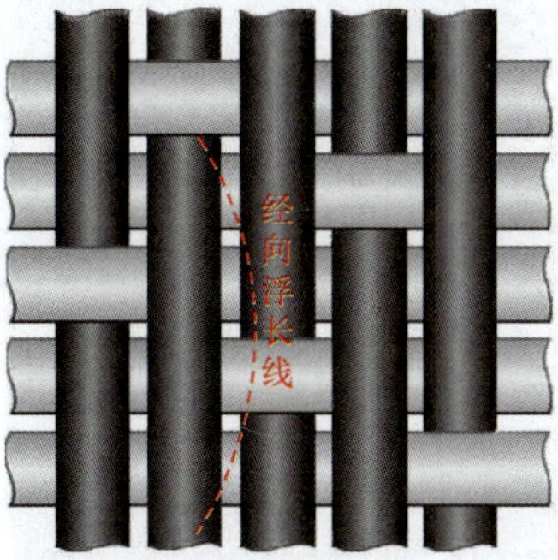

五枚经面缎组织结构图

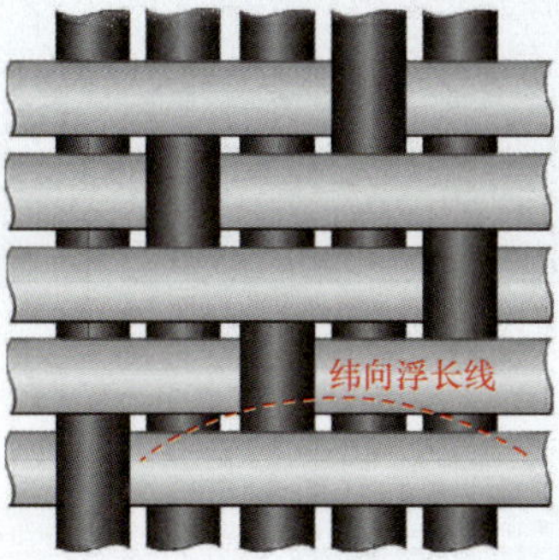

五枚纬面缎组织结构图

缎纹织物外观

图 2—7　缎纹织物

缎纹组织有经面缎与纬面缎之分。织物正面呈现经向浮长的称为经面缎，织物正面呈现纬向浮长的称为纬面缎，经面缎与纬面缎互为正反效应。缎纹组织的特点如下：

1）织物中经纬纱的交织点最少且不明显，布面上呈现较长的经（或纬）向浮长线，纱身弯曲少，光泽好，手感柔滑。

2）交织点少，在相同情况下，织物的强力在三原组织中是最差的。而且织物表面纱线浮长线长，布身易起毛和钩丝，织物的耐磨性差。

3）为了形成饱满细密的外观效果，织物的经纬密度一般比平纹织物、斜纹织物大。

缎纹织物由于其光泽好，可以体现出雍容华贵的风格，因此是制作高档礼服或高档服装里子的常用面料，如丝织物中的绉缎、素软缎，毛料中的贡呢，棉织物中的贡缎，以及用缎纹作地的提花织物如织锦缎、古香缎等。

2. 变化组织

变化组织是以原组织为基础，采用改变组织点的浮长、斜纹线的方向等方法，加以变化而获得的各种组织，如图 2—8 所示。

3. 联合组织

联合组织是指将两种或两种以上的原组织或变化组织，按一定的规律联合而形成的新组织。如将两种不同组织叠加组合，或将两种组织的纱线交互排列等，通过各自不同的方法联合，可获得不同的联合组织。因此，联合组织的外观非常丰富。在服装上使用较多的有蜂巢组织、凸条组织、透孔组织、小提花组织等，如图 2—9 所示。

平纹变化组织面料

斜纹变化组织面料

缎纹变化组织面料

图 2—8 变化组织

蜂巢组织

凸条组织

透孔组织

小提花组织

图 2—9 联合组织

4. 复杂组织

在织物的经纬纱中，至少有一个是由两组及两组以上的纱线系统组成的，如重经组织、重纬组织、双层组织、起绒组织等，如图 2—10 所示。采用这种组织织制的织物厚实、致密，肌理突出，外观风格丰富多彩。

重纬剪纱织物

纱罗织物

灯芯绒

漳绒（天鹅绒）

图 2—10 复杂组织

5. 大提花织物

大提花织物是指需要通过提花机织造的大型花纹组织，多以一种组织为基地，以另一种或数种不同组织在其上显现花纹图案；也可利用不同颜色的经纬纱，使织物呈现彩色的大花纹；还可采用不同原料、不同粗细的纱线交织，制成或华丽富贵或古朴雅致或妩媚飘逸的风格各异的各类大提花织物。大提花织物在服装、家居布艺、工艺装饰中运用非常广泛，如图 2—11 所示。

织锦缎　　烂花乔其　　双层提花织物

图 2—11　大提花织物

二、针织面料

1. 针织面料的组织结构

针织面料因其具有弹性好、穿着柔软舒适等特性，被大量用作内衣、家居服、运动服、童装的面料。根据织制方法的不同，针织面料可分为纬编和经编两大类。纬编对加工纱线的品种适应性较广，且工艺流程和机器结构比较简单，易于操作，生产效率比较高，因此，纬编在传统针织工业中比重较大。纬编既能织成各种组织的内外衣用坯布，又可编织成单件的成形和部分成形产品。而经编织物的脱散性和延伸性比纬编织物小，其结构和外形的稳定性较好，用途也非常广，除可生产衣用面料外，还可生产蚊帐、窗帘、花边装饰织物等。近些年，我国经编设备和技术升级迅速，推动经编产业高速发展，新型产品不断涌现，小到蕾丝花边、提花网袜，大到风力叶片、高铁列车，从内衣、床上用品到建筑、医疗、航空航天材料，都少不了经编面料，大有赶超纬编之势。

（1）针织面料基础组织（见图 2—12）

1）纬平针组织　纬平针组织就是手工织毛衣时所用到的平针，它是由一根纱线在织物纬向形成一列连续的单元线圈，然后沿横向依次串套而成的。纬平针织物正反面具有不同的外观，正面显露纵行排列的线圈柱，反面显露横向排列的线圈弧。

纬平针组织　　罗纹组织　　双反面组织

图 2—12　针织面料基础组织

2）罗纹组织　罗纹组织就是手工织毛衣时所用到的上下针，它是由正面线圈和反面线圈纵行以一定的形式组合相间配置而成的。罗纹织物两面都具有清晰的直条纹路，横向弹性很好，常常用在服装领口、袖口、腰等部位，起到收紧的作用。

3）双反面组织　双反面组织是由正面线圈横列和反面线圈横列相互交替配置而成的，织物两面都形似纬平针组织的反面，故名双反面组织。

（2）其他组织　针织物面料种类繁多，除常见的基础组织外，还可将不同组织进行变化组合编织，可以采用各种花式线进行编织，以及将不同粗细、密度的纱线组合编织，此外还可将两层针织面料通过特殊工艺压合在一起，从而形成了外观丰富、风格各异的针织面料，如图 2—13 所示。

2. 针织面料的特性

与梭织面料相比，针织面料具有以下特性：

（1）针织物的伸缩性　由于针织物是由线圈相互圈套构成的织物，因此结构较为疏松，具有较大的伸缩性，成衣不够挺括、外观稳定性较差；针织物易钩丝、脱散，影响美观；但针织物手感柔软、悬垂性好、吸湿透气性好，穿着舒适卫生，所以较多地用于制作内衣、童装、婴幼儿服装及运动休闲服装。

（2）针织物的脱散性　某些组织的针织物当某根纱线断裂或线圈失去串套联系后，在外力作用下，线圈就会依次从被串套的线圈中脱出，从而产生破损，这种性质称为脱散性。针织物的脱散性不仅影响到织物的外观，而且会大大降低其耐用性，以致限制了针织物的使用范围。在加工针织面料服装时，要求裁剪后尽快锁边，以防止脱散。

（3）针织物的卷边性　某些组织的针织物，在自由状态下其边缘会发生包卷，这种性质称为卷边性，如纬平针组织自由状态下就会发生卷边现象。利用这种卷边性，我们可以在服装设计时形成一些特殊的造型。一般情况下，纱线越粗、弹性越好、线圈越短，针织物卷边就越明显。

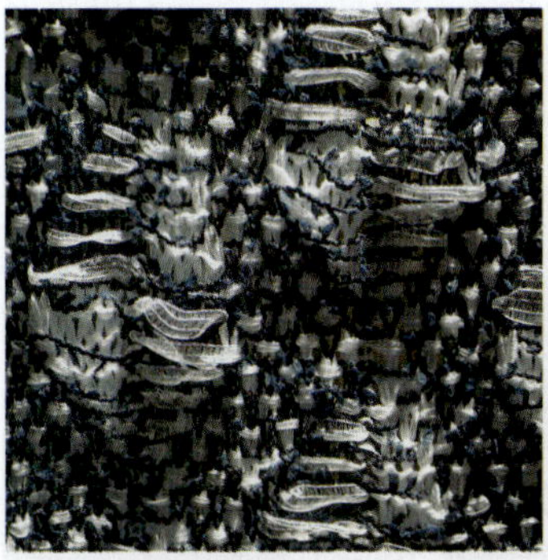
使用花式线编织

粗细不同的纱线组合编织

两种面料复合

3D立体针织面料

双层针织面料

蕾丝面料

图 2—13　丰富多彩的针织面料

自测园地

1. 什么叫织物的组织结构？什么是梭织面料？什么是针织面料？

2. 梭织物的原组织有哪 3 种？试总结一下它们各自的特点。

3. 看看自己衣橱里的服装，数一数有多少件是梭织面料的？有多少件是针织面料的？下次上课时，请几位同学来谈一谈穿着两种不同类别面料服装的体会，你更喜欢哪一种？为什么？

知识拓展

千姿百态的复合面料

复合面料是指一层或多层纺织材料经复合工艺加工而成的新型面料。通过复合工艺，可以使面料正反两面具有不同的外观效果和质感；或通过复合工艺，改善材料原有性能，使复合后的面料具有新的功能，如具有防水透湿、抗辐射、耐洗涤、抗磨损、阻燃、防细菌、防病毒等特殊功能。

可进行复合的材料有很多，如将梭织面料与针织面料复合、针织面料与针织面料复合、梭织面料与梭织面料复合，或梭织、针织面料与无纺材料及其他功能材料复合。复合面料外观形态丰富、性能优良，是目前较流行的材料，可广泛运用于服装、家纺、航空、医药、军事、消防等领域。

第二节　纤维与纱线

纤维与纱线是构成织物的基础原料，纤维通过纺纱工艺变成纱线，纱线再通过织造工艺形成织物。

纤维，就是直径非常小，只有数微米到数十微米，而长度是直径千百倍的细长物质。

纱线，是“纱”与“线”的统称。“纱”是指若干短纤维或长丝排列成近似平行状态，并沿轴向旋转加捻，组成具有一定强力的纱条。“线”是指由两根或两根以上的单纱捻合而成的股线。

一、纺织纤维的种类

不是所有的纤维都能用于服装面料的生产，只有具有一定的物理机械性能和化学性能以及服用性能、适合于纺织加工的纤维才能作为纺织原料，这种纤维称为纺织纤维。纺织纤维种类繁多，一般可按以下标准进行分类。

1. 按纤维的来源和基本组成分类

（1）天然纤维　天然纤维是指自然界存在和生长的、具有纺织价值的纤维。用于纺织的天然纤维主要有植物纤维和动物纤维两大类。常见的天然纤维如图 2—14 所示。

棉花　苎麻　羊毛　桑蚕丝

图 2—14　常见天然纤维

1）植物纤维　植物纤维是指从植物的种子、果实、茎、叶等处取得的纤维，其主要组成物质是纤维素，故又称为天然纤维素纤维，如棉、麻、椰子纤维等。

2）动物纤维　动物纤维是指从动物的毛或腺分泌物中取得的纤维，其主要组成物质是蛋白质，故又称为天然蛋白质纤维，如羊毛、羊绒、兔毛、骆驼绒、桑蚕丝等。

（2）化学纤维　化学纤维是指利用天然的或合成的高聚物为原料，经过化学加工而得到的纤维。根据所用原料的不同，纺织用化学纤维可分为再生纤维和合成纤维两大类。

1）再生纤维　再生纤维又称人造纤维，它是利用木材、芦苇、豆饼、花生、牛奶等天然原料，经化学加工而再生制得的纤维，其化学组成与原聚合物基本相同，如粘胶纤维、铜氨纤维、醋酯纤维、大豆纤维、牛奶纤维等。

2）合成纤维　合成纤维是指用煤、石油、天然气等为原料，经化学加工合成可供纺丝用的高分子化合物，再经纺丝成形和后处理而制得的纤维，如涤纶、锦纶、腈纶、氨纶等。

与天然纤维相比，化学纤维的长度、细度、截面形状、外观等都可以人工控制，而且生产受自然条件的影响不大。因此，化学纤维以其产量稳定、纤维的外观与性能可操控性强等优点，成为纺织纤维的主要原料。

2. 按纤维的形态特征分类

（1）长丝　长丝是指不用经过纺纱工艺就可以直接进行织造加工的纤维，如蚕丝和各类化纤长丝等。

（2）短纤维　短纤维的纤维长度较短，不能直接进行织造，需要先经过纺纱工艺纺成纱线再用于织造。短纤维包括天然纤维中的棉、毛、麻纤维以及各类化学短纤维。

二、常见纺织纤维的基本特性

1. 天然纤维

目前，纺织服装领域中使用最多的天然纤维有棉、麻、丝、毛四大类。

（1）棉纤维　我国是世界主要产棉国之一，也是种植棉花历史悠久的国家之一。据记载，公元前一世纪时我国的海南岛开始用木棉织布，明朝起中原地区就开始大面积种植棉花。

我国的棉纤维主要有三个品种：长绒棉、细绒棉和粗绒棉。长绒棉纤维长而细，长纤维品质最好，主要用于高档棉织物的生产；细绒棉纤维的品质较好，是棉布的主要原料，我国种植的棉花98%都是细绒棉；粗绒棉纤维粗而短，品质较差，现在已经很少种植。

棉纤维的基本特性如下：

1）棉纤维的强度比羊毛高，比麻纤维和丝纤维低。棉纤维在潮湿状态下，强力会有所上升。

2）棉纤维的弹性较差，其弹性比羊毛、丝低，比麻纤维高，故纯棉制品易皱。

3）棉纤维是多孔性物质，且分子链上有许多亲水基团，所以棉纤维的吸湿、透气性较好。

4）棉纤维是热的不良导体，纤维的内腔还充满了不流动的空气，故棉纤维保暖性好。

5）棉纤维对碱的抵抗力好，与有机酸（如醋酸、蚁酸等）一般不发生反应。但无机酸（如盐酸、硫酸、硝酸等）会使棉纤维强力明显下降，尤其是遇到强酸或浓酸，棉纤维会发生脆化而丧失使用价值。所以棉纤维织品要尽量避免与无机酸接触。

（2）麻纤维　麻纤维是植物韧皮纤维与叶子纤维的统称，主要有苎麻、亚麻、大麻、黄麻等，其中苎麻和亚麻的品类较好，应用较普遍。麻纤维的基本特性如下：

1）麻纤维的主要成分是纤维素，所以化学性能和物理性能与棉纤维相似。但麻纤维的吸湿性高于棉纤维，抗酸碱的能力也比棉纤维强。

2）麻纤维的导热性比其他纤维都强，吸湿散湿快，抗菌除臭，穿着凉爽，是夏季理想的服装面料。

3）麻纤维较粗硬，但断裂伸长率小、弹性差，故麻织物不耐磨、易折皱。

4）麻纤维的强力与刚性是四大类天然纤维中最高的，因此麻制品很耐用，可用于消防水龙带。

（3）蚕丝　我国是蚕丝的发源地，蚕丝产量居世界第一位。蚕丝是天然纤维中最细、最长的。蚕丝有桑蚕丝、柞蚕丝、蓖麻蚕丝、木薯蚕丝等，其中桑蚕丝质量最好。蚕丝的基本特性如下：

1）蚕丝的化学组成是氨基酸，与人体皮肤的化学组成接近，因此，蚕丝织物的亲肌性好，有人体的“第二皮肤”之称。同时，蚕丝对紫外线有较强的吸收性，可降低紫外线对皮肤的伤害。

2）丝素中有很多极细的孔隙，分子链上也含有许多亲水性基团，故蚕丝的吸湿、透气性较好。

3）蚕丝是热的不良导体，保暖性能好，故蚕丝又可作冬季服装的填充材料。

4）蚕丝耐弱酸不耐碱，对碱的抵抗力很差，对盐的抵抗力也较差。故夏天穿丝绸服装时，如被汗水浸湿宜尽快洗涤，且应选用中性洗涤剂，并不要浸泡太长时间，否则会影响纤维的强力和光泽。

5）蚕丝耐光性很差，经日光曝晒后纤维会发脆泛黄。因此，真丝织品在使用时应尽量避免日光曝晒。

6）干燥的蚕丝相互摩擦或揉搓时会发出特有的清晰微弱的声响，称为丝鸣。丝鸣是蚕丝独有的特性。

（4）毛纤维　天然毛纤维包括绵羊毛、山羊绒、骆驼毛、牦牛毛、马海毛等。用于加工服装面料使用最多的是绵羊毛和山羊绒。羊毛纤维的基本特性如下：

1）羊毛纤维的强度在天然纤维中相对较小，但其断裂伸长率是天然纤维中最大的，即羊毛纤维的弹性很好，因此羊毛织物挺括、有弹性、不易起皱。

2）羊毛纤维的吸湿性很强，用它纺织成的面料穿着舒适透气。

3）羊毛纤维的耐酸性能好，但对碱的抵抗力较差。碱对羊毛有腐蚀作用，碱液越浓，破坏性越强，所以毛制品应选用中性洗涤剂。

4）羊毛抵抗干热的能力较差，因此，羊毛织品不能干烫，应喷水湿烫或垫湿布熨烫。羊毛纤维有很好的热塑性能，利用这个特性，我们可对羊毛服装进行“归拔”处理，使其符合人体的曲线形态。

5）羊毛纤维保温性能优于其他天然纤维，因此羊毛成为冬季服装极好的材料。

6）羊毛纤维怕日光照晒，日照时间长，纤维会发黄、强力会下降。

7）羊毛纤维易虫蛀、霉变，因此在保管时要注意防虫、防潮。

四大天然纤维的基本性能比较见表2—1。

表2—1　四大天然纤维基本性能比较

性能指标		棉	麻	蚕丝	羊毛
机械性能	强度	比羊毛高，比麻、桑蚕丝低	最高	高	较高
	弹性	较差	差	较好	好
	热塑性	一般	差	一般	好
服用性能	吸湿性	较好	好	较好	最好
	透气性	较好	好	较好	最好
	保暖性	较好	一般	较好	好
化学性能	耐酸性	耐弱酸、不耐强酸	好	耐弱酸、不耐强酸	好
	耐碱性	好	好	差	差
	耐热性	较好	好	较好	较差
	耐光性	较好	好	很差	差

2. 化学纤维

（1）再生纤维　再生纤维又称人造纤维。根据加工时所用天然原料种类的不同，再生纤维可以分为再生纤维素纤维和再生蛋白质纤维。再生纤维素纤维是利用自然界中存在的含有纤维素的物质，如棉短绒、木材、甘蔗渣、芦苇、竹子等为原料制成的纤维，如粘胶纤维、醋酯纤维、天丝纤维、竹纤维等。再生蛋白质纤维是以大豆、牛奶、花生等天然蛋白质为原料制成的纤维，如大豆纤维、牛奶纤维、花生纤维等。由于再生蛋白质纤维的成本相对较高，且纤维性能欠佳，故其目前没有再生纤维素纤维应用广泛。

作为纺织纤维，再生纤维素纤维具有优良的吸湿性、穿着舒适性，一直是纺织品和卫生用品的重要原料；同时，其纤维素资源十分丰富，是可再生的自然资源，具有可持续性和环保性。因此，再生纤维素纤维的开发与利用越来越受到重视。

1）粘胶纤维　粘胶纤维是最早诞生的再生纤维，于 1891 年在英国研制成功，1905 年投入工业化生产。粘胶纤维以棉短绒、木材、芦苇等为原料制成，其原料来源广泛，成本低廉。粘胶纤维的主要性能如下：

• 粘胶长丝柔软细滑，光泽比蚕丝更加肥亮，常用于仿真丝织物或与蚕丝交织。粘胶纤维制品柔软不挺，悬垂性好。

• 粘胶纤维的吸湿性很好，标准回潮率为 13%，粘胶织物吸湿、透气；粘胶纤维吸湿后，纤维膨胀，截面积可增加 50% 以上，最高可达到 140%，故粘胶织物下水后手感发硬、收缩率大。粘胶纤维的染色性良好，色谱全，色泽鲜艳，染色牢度较好。

• 粘胶纤维强度较低，湿态条件下强度会剧烈下降，约为干态强度的 40% ～ 50%。

• 粘胶纤维容易变形，且变形后不易恢复，弹性差，织物容易起皱，耐磨性差。

• 粘胶纤维的耐酸、耐碱能力都比棉纤维差，耐热性较好，在 180 ～ 200℃时才会发生热分解。

为克服粘胶纤维强度低、弹性差的缺点，人们通过改变纺丝工艺条件生产出了富强纤维和高强力粘胶丝。富强纤维的强度特别是湿强比普通粘胶纤维高，湿强可达到干强的 80% 左右。高强力粘胶丝是一种高强度、耐疲劳性能良好的粘胶纤维，强度可达到棉的两倍以上，可作汽车轮胎帘子布，也可以制作运输带、胶管、帆布等。

2）醋酯纤维　醋酯纤维又称醋酸纤维，它是以纤维素与醋酯酐等为原料，经过一系列化学加工而制得的纤维，其主要成分是纤维素醋酸酯。由于醋酯纤维以纤维素为骨架，因此它具备纤维素纤维的基本特征，但其性能与再生纤维素纤维又有所不同，它还具有合成纤维的某些特性。因此，醋酯纤维属于一种半合成纤维。

醋酯纤维外观、光泽、手感与桑蚕丝酷似，纤维的弹性、热塑性和手感都比粘胶纤维好；织物光泽柔和，手感滑爽，不易起皱，机洗手洗皆宜，吸湿透气，不易起静电，有良好的悬垂感和尺寸稳定性；其上色性能也优于其他纤维素纤维，染色牢度高，色彩鲜艳，常用于制作高档服装的里料、内衣、睡衣及仿真丝制品。

3）铜氨纤维　铜氨纤维原料是从棉花籽的短绒毛中提炼而来的，具有可降解性，燃烧不会产生有毒气体，是一种绿色环保纤维。

铜氨纤维的强度、耐磨性优于粘胶纤维，吸湿性与粘胶纤维接近，染色亲和力较粘胶纤维强，上色较深。但铜氨纤维对酸和碱的抵抗力差，稀的热酸和冷的强酸都会使它溶解，在低浓度的弱碱液中短时间处理不会对纤维产生什么影响，但在强碱液中处理纤维就会受到损害甚至溶解。

铜氨纤维织物具有光泽柔和、吸湿透气、抗静电、服用舒适、悬垂性好的特性，常用作高档织物原料。铜氨纤维比较昂贵，常与羊毛、合成纤维混纺，做高档服装的面料或里料。

（2）合成纤维　合成纤维是指利用煤、石油、天然气、农副产品等低分子化合物，经人工合成与机械加工而制得的纤维。

1）涤纶纤维　涤纶纤维是世界产量最大、应用最广泛的合成纤维品种，大量用于衣料、床上用品、各种装饰布料、国防军工特殊织物等纺织品以及其他工业用纤维制品。涤纶纤维的学名为聚对苯二甲酸乙二醇酯，简称聚酯纤维，商品名称涤纶。

涤纶短纤可与棉、毛、丝、麻或其他化纤混纺，用于衣着、装饰等；涤纶长丝，特别是变形丝，可用于针织、机织制成各种仿真型内外衣。涤纶长丝也因其良好的物理化学性能而广泛用于轮胎帘子线、工业绳索、传动带、滤布、绝缘材料、船帆、帐篷等工业制品。涤纶纤维的主要特性如下：

- 涤纶的标准回潮率仅为 0.4%，故涤纶织物吸湿性差，不容易染色，穿着闷热，有不透气感，易起静电，易吸附灰屑。
- 涤纶的强度高、弹性好、耐磨性优良，仅次于锦纶，但易起毛起球，且毛球不易脱落。涤纶织物结实耐用，挺括抗皱，尺寸稳定，保形性好，在加工使用过程中能保持原有形状，而且通过热定型可以使涤纶服装形成持久的褶裥。
- 涤纶的耐热性优良，熨烫温度为 150℃左右；涤纶耐光性也较好，仅次于腈纶；涤纶耐酸耐弱碱，但不耐浓碱和高温长时间处理。

2）锦纶纤维　锦纶是合成纤维中最早投入生产的品种。锦纶的学名为聚酰胺纤维，商品名称锦纶，又叫尼龙。根据酰胺分子的不同结构，锦纶纤维有锦纶 66、锦纶 6、锦纶 1010 等品种。

锦纶长丝耐磨性好，强度高，常用于制作袜子、手套、运动服、羽绒服等，还可以织制地毯；锦纶长丝在工业中可用于制造轮胎帘子线、绳索、渔网等，在国防工业中可用于织制降落伞等。锦纶短纤维可与棉、毛和粘胶纤维混纺，其混纺织物具有良好的耐磨性和强度。锦纶纤维的主要特性如下：

• 锦纶的吸湿能力是合成纤维中较好的。在一般大气条件下，其回潮率可达 4.5%。合成纤维中，锦纶的染色性较好。

• 锦纶的最大特点是强度高、耐磨性好，它的强度及耐磨性居所有纤维之首。锦纶织物弹性好，恢复性好，不易起皱，比重小于涤纶，穿着轻便；但纤维刚度小，与涤纶比保形性差，外观不够挺括，很小的拉伸力就能使织物变形走样。

• 锦纶最大的缺点是耐光性差，光长期照射会使纤维发黄发脆、强力下降。锦纶的耐热性也较差，熨烫承受温度应控制在 140℃以下。锦纶的耐碱性优良，耐酸性较差，不能氯漂。

3）腈纶纤维　腈纶的学名为聚丙烯腈纤维，商品名称腈纶。腈纶的外观卷曲、蓬松、手感柔软，酷似羊毛，故又被称为“合成羊毛”。腈纶多用来和羊毛混纺或作为羊毛的代用品，制成多种毛料、毛线、毛毯、人造毛皮、絮制品、长毛绒、膨体纱等。因其耐日光性和耐气候性突出，故也可做帐篷、阳伞布、窗帘等户外用织物。腈纶纤维的主要特性如下：

• 腈纶吸湿性优于涤纶但比锦纶差，在一般大气条件下，其回潮率为 2%左右；腈纶染色性较好。

• 腈纶质轻，蓬松，热导率低，保暖性非常好，比羊毛还高 15%。

• 腈纶强度比涤纶、锦纶低，弹性好，弹性接近于羊毛。腈纶的耐磨性是合成纤维中较差的，易起毛起球。

• 腈纶耐光性是常见纤维中最好的，日晒 1 000 小时，强度损失不超过 20%。腈纶化学稳定性较好，对无机酸、弱酸具有一定的抵抗性，但在浓酸中会溶解。

4）氨纶纤维　氨纶的学名为聚氨酯弹性纤维，商品名氨纶，于 1937 年由德国拜尔公司研制成功，1959 年美国杜邦公司开始生产，命名为“莱卡”（Lycra），如图 2—15 所示。高伸长、高弹性是氨纶的最大特点。氨纶的强度比橡胶高 2 ～ 3 倍，主要用于纺制有弹性的织物，如紧身衣、袜子等。一般将氨纶丝与其他纤维的纱线一起做成包芯纱或加捻纱后使用。如用棉氨包芯纱织成的牛仔裤，弹性好，穿着合体舒适，还有用其他纤维的氨纶包芯纱织成的内衣、泳衣、时装等，都有合体舒展的穿着性能；在袜口、手套、针织服装的袖口和领口，运动服、滑雪服及宇航服的紧身部分等，氨纶都有普遍的应用。氨纶纤维的主要特性如下：

图 2—15　含莱卡成分的标志

• 氨纶的吸湿性较差，回潮率为 0.8% ～ 1%。

• 氨纶的弹性优良，但与其他常见纺织纤维相比，则强度较低。

• 氨纶的耐酸碱性、耐汗性、耐海水性、耐干洗性、耐磨性均较好。

除了上述介绍的几种合成纤维类型之外，还有许多合成纤维品种，如丙纶、维纶、氯纶等。随着纺织技术的发展，更多新型的、性能优良的化学纤维不断出现。常用化学纤维的基本性能比较见表 2—2。

表 2—2　常用化学纤维的基本性能比较

类别	机械性能			化学性能					服用性能	
	强度	弹性	耐磨性	染色性	耐酸性	耐碱性	耐热性	耐光性	吸湿性	透气性
粘胶	低，湿强度更低	较差	差	好	一般	较好	较好	差	最好	好
涤纶	高	较好	好	差	好	较好	好	好	差	差
锦纶	最高	好	好	较好	一般	好	较好	差	好	较差
腈纶	较高	较好	较差	差	较好	较好	较差	最好	较好	差
氨纶	较低	最好	较好	差	较好	较好	较好	较好	差	差

三、纱线的种类

1. 按纱线原料分类

（1）纯纺纱　纯纺纱是由同一种类的短纤维纺成的纱，如棉纱、毛纱、纯化纤纱等，用纯纺纱线织制的织物就叫纯纺织物。

（2）混纺纱　混纺纱是由两种或两种以上不同种类的短纤维混合而成的纱，如涤纶与棉的混纺纱、羊毛与粘胶的混纺纱等，由混纺纱线织制的织物就叫混纺织物。混纺的目的在于充分利用原料资源，降低成本，综合几种纤维的优良性能，取长补短，增加花色品种。

混纺纱线的命名，一般来说是混纺比高的纤维名在先，混纺比低的纤维名在后。如 65% 的涤纶纤维与 35% 的棉纤维混纺的纱线称为 65/35 涤棉混纺纱；反之，若 35% 的涤纶纤维与 65% 的棉纤维混纺，则称为 65/35 棉涤混纺纱。当纤维的混纺比相同时，混纺纱线则按照天然纤维、合成纤维、人造纤维顺序命名。如 50% 的涤纶纤维与 50% 的羊毛纤维混纺称 50/50 毛涤混纺纱。如果混纺纱线中既有不同的混纺比，同时又有相同的混纺比时，则其命名方式是上述两种命名方式的组合。如 40% 涤纶纤维、30% 羊毛纤维、30% 粘胶纤维混纺，称为 40/30/30 涤毛粘三合一混纺纱。

2. 按纱线外形结构分类

（1）单纱　单纱是由短纤维集合起来依靠加捻的方法制成的连续纤维束。

（2）股线　股线是由两根或两根以上的单纱经并合加捻而成的纱线。

（3）花式线　花式线是由两根或多根单纱（或丝）加捻而成的具有特殊花式效果的捻线。

花式线织制的织物布面外观效果别致，花纹有立体感。常见的花式线有带状线、结子线、环圈线、环圈结子线、断丝线、辫子线等。图 2—16 所示为几种常见花式线的外形，图 2—17 所示为几种花式线针织物。

带状线　结子线　环圈线　环圈结子线　断丝线　辫子线

图 2—16　常见花式线外形

图 2—17　花式线针织物

（4）变形纱（丝）　利用合成纤维的热塑性特点，将化纤原丝经过变形加工使之成为具有卷曲、螺旋、环圈等外观特性而呈现蓬松性、伸缩性的长丝，称为变形纱（丝）。

未经变形处理的化纤原丝具有外观挺直、不蓬松、手感光滑、透气性差的特点，经变形处理后，会形成各种弯曲的形状。这样，变形纱不仅改变了纱的外观，而且还改善了纱的吸湿性、透气性、柔软性、弹性和保暖性等性能。由变形纱制成的织物有良好的悬垂性、覆盖性、透湿性。高伸长弹性的变形纱还具有天然纤维所无法比拟的特性，由它制成的针织内衣、袜子等穿着时可以伸缩自如、舒适大方。但由于变形纱纤维弯曲蓬松，故其织物遇到粗糙表面易摩擦钩挂，产生起毛起球现象。常见的变形纱有膨体纱、高弹纱、低弹纱、卷曲纱、喷气吹捻变形纱等，如图 2—18 所示。

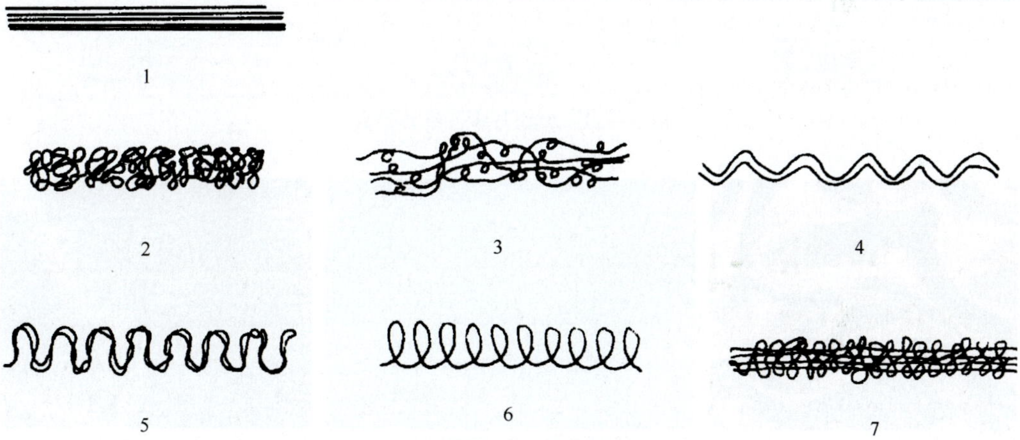

1为化纤原丝，2～7为变形纱

图 2—18　变形纱示意图

四、纱线的特性指标

1. 纱线的捻度

纱线加捻时，单位长度内的捻回数称为捻度（即螺旋圈数）。纺纱就是通过加捻的作用，将短纤维纤维集束抱合在一起，形成纱条，如图 2—19 所示。加捻的多少可用捻度表示。捻度的计量单位可表示为“捻 /10 厘米”或“捻 / 米”。

根据加捻数的多少，捻度可以分为弱捻（1 000 捻 / 米以下）、中捻（1 000 ～ 2 000 捻 / 米）和强捻（2 000 捻 / 米以上）。捻度与纱线的强度、耐磨性、柔软性、均匀度和光泽都有一定的关系。纱线通过加捻，使其纤维抱合紧密，纤维间摩擦力增大，从而使纱线的强力、弹性、耐磨性得到提高，但纱线的柔软性及光泽度会有所降低。因此，不同用途的纱线，对捻度的要求也不相同。如绸缎类织物，丝线一般不加捻或使用弱捻纱线，以使织物表面光滑细密，富有光泽；绉类织物一般使用强捻纱线，使织物表面出现皱缩的纹理效果；绒类织物纱线捻度也较小，便于拉毛起绒。捻度对织物外观效果的影响如图 2—20 所示。

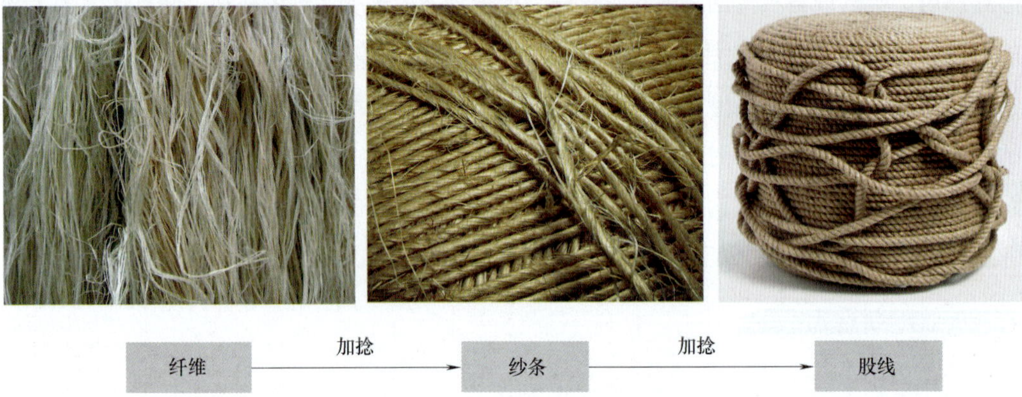

图 2—19　加捻与纱、线的形成

绸缎类织物（无捻）　绉类织物（强捻）　呢绒类织物（弱捻）

图 2—20　捻度对织物外观效果的影响

2. 纱线的捻向

根据加捻后纤维在纱线中的倾斜方向（或单纱在股线中的倾斜方向）的不同，捻向可分为 S 捻与 Z 捻两种，如图 2—21 所示。若加捻后纤维或单纱自右下方朝左上方倾斜，则称为 S 捻，也叫右手捻或右捻；若加捻后纤维或单纱自左下方朝右上方倾斜，则称为 Z 捻，也叫左手捻或左捻。单纱加捻时，根据细纱接头的操作习惯，一般以 Z 捻居多。股线捻向一般与单纱捻向相反，以 S 捻向居多。

纱线的捻向对织物的外观和手感有很大影响。捻向不同，纱线表面对光的反射方向就不一样。合理利用经纬纱的捻向，就可得到外观风格各异的织物。例如采用若干根 S 捻与 Z 捻纱线相间排列的纱线织造，则织物表面可产生隐条隐格效果。

图 2—21　纱线的捻向

3. 纱线的细度

细度也称为线密度，是用来表示纤维或纱线粗细程度的指标。纱线常用公制支数来表示细度。所谓公制支数，是指 1 克重的纤维或纱线具有的长度米数。其计算公式如下：

$$N_m = \frac{L}{M}$$

式中，L 为纤维或纱线的长度米数，M 为公定回潮率时纤维或纱线的重量克数。

相同条件下，支数越大，表示纱线越细。股线的细度用单纱支数 / 股数来表示。如双股 20 支单纱捻合成的股线，则其细度表示为 20/2，相当于 10 支；如果组成股线的单纱的支数不同，则股线支数用斜线划开并列的单纱支数加以表示，如 21/42。

自测园地

● 知识回顾

1. 什么叫纺织纤维？什么叫纱线？
2. 我们日常所说的“合成羊毛”“莱卡”“尼龙”分别是指什么纤维？
3. 总结羊毛、蚕丝制品在洗涤与保养时应注意的事项。
4. 纱线为什么要加捻？加捻方向有几种？
5. 混纺纱线是如何命名的？
6. 什么叫花式线？什么叫变形纱？两者的区别是什么？

• 拓展训练

1. 自己设计一个表格，从强力、弹性、吸湿透气性、耐热性、耐酸碱性、耐光性这几个方面比较下列纤维：

棉、蚕丝、羊毛、粘胶、涤纶、锦纶、腈纶

2. 同学们分成小组到纺织服装市场进行市场调研，收集 5 种以上面料，并制作成小样卡。推荐模板见下：

（粘贴面料小样）	商品名	
	原料成分	（咨询商家或自我判断）
	组织结构	（判断出组织大类）
	幅宽	
	价格	
	对面料风格、用途的分析	

知识拓展

天然彩色纤维

随着人类环保意识的增强，纺织品在生产加工过程中对环境的污染及残留有害物质对人类健康的影响受到越来越多的重视，科学家们纷纷进行天然彩色纤维技术的研究、培育和开发。目前技术较成熟的天然彩色纤维有彩色棉、彩色羊毛、彩色蚕丝等。

• 彩色棉　目前，我国已培育出 37 个质量比较稳定的彩棉品种，占全世界彩棉品种的 90%，已成为世界重要的天然彩棉生产基地。彩棉主要有棕色和绿色两种基本色系，每个色彩里又有不同深浅的品种。彩棉的基本性能与白色棉接近，服用性能优良，且环保无污染，但其色彩的不稳定性和单调性限制了天然彩棉的推广与运用。

• 彩色羊毛　研究发现，给绵羊饲喂不同的微量金属元素，能改变绵羊的毛色，如添加铁元素能使绵羊毛变成浅红色。目前已初步培育出具有鲜红色、浅蓝色、金黄色、琥珀色、灰色等羊毛的有色绵羊。彩色绵羊毛及其制品经风吹、日晒、雨淋，依旧能保持鲜艳的色彩，不会褪色。

• 彩色蚕丝　通过基因突变和向桑叶或人工饲料中添加色素，可培育出天然彩色丝家蚕的品种，从而结出淡黄色、金黄色、肉色、红色、淡绿色、荧光色等彩色蚕茧，缫出彩色蚕丝，目前，该技术在国内外处于领先地位。研究证明，彩色蚕丝基本性能与普通蚕丝一致，但其抗紫外线、抗氧化、抗菌能力等高于白色蚕丝。

彩色棉

彩色绵羊

彩色茧

彩色羊驼

第三节　面料外观、成分及结构分析

一、面料外观分析与识别

面料外观分析主要包括正反面、经纬向和倒顺三个方面的内容。

1. 面料正反面的识别

服装有正反面之别，面料也有正反面之分，用于做服装正面的那一面称为面料的正面。习惯上以面料上花纹完整、清晰，色泽鲜艳、明亮，布面平整、光洁，纹路清晰、挺直，毛绒耸立、整齐的一面作为正面，也就是以外观效果比较理想的一面作为正面。此外，服装面料正反面的选择还与服装设计者的设计意图有关，有时为了达到某种设计效果，也可能反其道而行之。识别面料正反面的依据很多，主要可归纳为以下几种：

（1）根据织物的组织结构识别

1）平纹织物　从组织结构来看，平纹没有正反面。因此，如果不经过印花、拉绒、轧光、烧毛等加工处理，平纹织物本色或素色一般可以不区分正反面，但为了美观可将其结头、杂质少的一面作为正面。

2）斜纹织物　斜纹织物主要根据织纹的清晰度来区分，表面光洁平整、斜向纹理清晰、纹路饱满突出的一面为正面。

3）缎纹织物　缎纹织物的正反面区别明显，平整、光滑、紧密、光亮的一面为正面，比较稀松、暗淡、毛糙、光泽差的一面为反面。

4）其他组织结构织物　一般来讲，织物的正面花纹比较清晰、完整、立体感强，纱线浮长比较短，布面也比较平整光洁；反面则较为粗糙、浮长长且花纹有时较模糊，如图 2—22 所示。

图 2—22　根据织纹识别织物正反面

（2）根据面料的花纹识别　织物正反面，除了组织起花以外，还有各种印花花纹、轧花花纹、烂花花纹、剪花花纹等。根据它们正反面的差别，也可以帮助我们识别织物的正反面。

1）印花花纹　一般来讲，印花花纹正反面区别比较明显。印花工艺染料大都是从织物的正面渗透到织物的反面，因此，其正面花纹图案清晰、色泽鲜艳、层次清楚，而反面花纹则较暗淡、模糊。较厚的织物反面不显花，或花纹断断续续。

2）轧花花纹　轧花花纹由布面的凹凸形成，其正反面不太明显，一般将图案完整、凸起的一面作为正面，同时可结合面料印花或染色的正反面一起识别。

3）烂花花纹　烂花花纹形成的是织物透明的图案，因此，正反面差别不大，但是仔细观察可发现，烂花花纹的边缘正面往往比反面轮廓清晰。同时，烂花常与印花结合在一起应用，这样色彩鲜艳、轮廓清晰的一面为正面。

4）剪花花纹　剪花花纹的正反面比较明显，图案清晰、完整、浮长短的一面为正面，图案模糊、浮长长的一面为反面。

（3）根据面料的布面状况识别　织物一般均经过检验、修织补、后整理等才成为成品，在检验、修织补过程中，往往把织物的正面修剪得比较干净，把断头、纱尾等异杂物处理在织物的反面，而在后整理的过程中，又往往对织物正面的羽毛进行烧毛或轧光处理，这些都可以帮助我们识别织物的正反面。

1）一般织物　一般织物布面光洁、羽毛少、棉结杂质少的一面为正面；还可以借助整理拉幅的布边针眼来识别，一般针眼下凹的一面为正面。

2）起绒织物　如平绒、灯芯绒、丝绒、长毛绒等起绒类织物，正反面区别十分清楚，一般都以起绒的一面为正面，以突出织物绒毛的柔软、顺滑、莹润的光泽和舒适的手感；而反面不起绒，且大都比较粗糙，色泽较差，有的涂有固着绒毛的物质。

3）拉毛、磨毛织物　拉毛、磨毛织物有单面拉（磨）毛和双面拉毛之分。单面拉（磨）毛以拉（磨）有绒毛的一面为正面，双面拉毛以绒毛整齐、疏密均匀的一面为正面。

（4）其他识别方法

1）根据布边识别　一般布边的正面比反面平整，光泽度好，布边向下卷曲，针眼向下光洁；反面布边有毛丛，粗糙，布边向上卷曲，针眼向上毛糙。有些高档毛料织物的布边织有文字和数字，正面的文字和数字清晰；反面的模糊，字体成反写状，如图 2—23 所示。

有针孔布边，正面针眼向下光洁，反面针眼向上毛糙

有织纹布边，正面文字清晰，反面文字模糊、呈反写状

图 2—23　根据布边识别面料正反面

2）根据包装识别　一般双幅面料对折在里面的一面为正面，单幅卷装面料在外面的为正面。一般布匹布头都盖有印章和贴有贴头纸，内销面料一般盖在织物的反面，外销面料则盖在织物的正面。

总之，识别服装面料的正反面，是服装生产的第一步，是决定产品质量的重要一步，必须学会准确识别。面料正反面的识别方法很多，一种面料可以用多种方法识别，这样可以确保识别准确。

2. 面料经纬向的识别

梭织物是由相互垂直的两组纱线按照一定的规律交织而成的，因此，织物内部的纱条有方向之分。沿着织物长度方向的为经纱向，也叫直丝绺；沿着织物宽度方向的为纬纱向，也叫横丝绺；与经、纬纱方向成一定角度的为斜纱向，也称斜丝绺，一般取 45° 斜角，叫正斜纱向。

纱向不同，织物的性质各异。经向不易伸长变形，挺括，自然垂直，一般用作衣服的长度方向；纬向容易略有收缩，易窝服，常用作衣服的横向（即人的围度方向）；斜向具有伸缩性大、弹性好、悬垂性好的特点，常用来制作大摆裙，包边、镶边用织物斜向效果很好。因此，准确识别织物的经纬向，对制作服装来讲非常重要。

识别织物经纬向的方法有以下几种：

（1）根据布边识别　如果布料有布边，与布边平行的方向为经向，与布边垂直的方向为纬向。

（2）根据纱线的特性识别

1）对单纱和股线交织的织物，通常股线方向为经向，单纱方向为纬向。

2）单纱织物的成纱捻向不同时，Z 捻向为经向，S 捻向为纬向。

3）若织物的经纬纱特数、捻向、捻度都差异不大，则纱线条干均匀、光泽较好的为经向。

4）若织物的成纱捻度不同，则捻度大的多数为经向，捻度小的为纬向。

在不同原料的交织物中，如棉毛或棉麻交织物中，棉为经纱；毛丝交织物中，丝为经纱；毛丝棉交织物中，丝、棉为经纱；天然丝与绢丝交织物中，天然丝为经纱；天然丝与人造丝交织物中，天然丝为经纱。

（3）根据织纹图案识别　对于带有明显方向性花纹图案和文字的织物，上下方向为经向，与经向垂直的方向为纬向。

（4）根据手感识别　用手拉扯织物，挺括且不易伸长的方向为经向，略有伸缩的方向为纬向，伸缩性较大的方向为斜向。

（5）根据织物密度识别　一般来说，密度大的为经向，密度小的为纬向。

此外，灯芯绒、条子织物的经纬向容易识别，长条方向即为经向。方格类织物经纬向平直而明显，格子略长的方向为经向。

3. 面料倒顺的识别

有些面料是有方向性，如印有带方向性图案或文字的面料、起绒类面料等。对于这些有方向性的面料，裁剪时必须先识别好面料的倒顺，然后按规定的方向排料画样，以保证整件服装上图案或毛绒的倒顺一致，否则就会影响服装的外观效果。常见的有倒顺方向的面料有以下几类：

（1）图案或文字有方向的面料　对于带有方向性花纹图案或文字的织（印）花面料，应该以图案或文字的方向来确定面料的方向，或者按照工艺单要求的方向裁剪面料，不能随意颠倒。

（2）定位花或阴阳条格面料　对于定位花面料，首先要认真分析服装上对花纹所在位置、方向以及对花的要求，然后按要求方向排料画样，在拼缝部位要注意保证花纹的连续性。对于阴阳条格面料，则要注意对条对格，排料时所有衣片应认准同一个方向，保持整件衣服的统一性，不能随意颠倒排料，否则会影响服装上格子的连续性和一致性。

（3）起绒类面料　常用的起绒类面料有丝绒、灯芯绒（条绒）、长毛绒、顺毛呢等。对于起绒类面料，要注意观察面料表面绒毛的方向，绒毛方向分为顺毛与倒毛。顺毛方向毛绒的倒向一致，平顺、服帖，反光强，颜色较浅；倒毛方向毛绒耸立，方向各异，手摸绒面有涩感，反光弱，颜色也较深。如果一件服装上各部位面料毛绒方向不一致，就会产生毛绒倒顺不一、颜色深浅不同的现象。为此，在服装制作时要保证整件服装的绒毛倒顺的取向必须一致，不能随意颠倒排料。

一般灯芯绒、金丝绒等服装倒毛方向裁剪较多，平绒、长毛绒、顺毛呢等服装顺毛方向裁剪较多。当然也不能一概而论，有时候为了达到某种特殊效果，也可以在同一件服装上使用不同的绒毛方向，这时就要以工艺单的要求为准。

二、面料成分鉴别

面料所用原料种类繁多，性能各异。准确识别面料成分，对于掌握面料性能，合理进行服装设计，选择适当的制作工艺及护理保养都非常重要。

鉴别纤维成分的方法很多，主要有感官鉴别法、燃烧鉴别法、显微镜法、染色法和溶解法等。随着纺织工业生产技术的不断进步，各类新型面料不断产生，要准确地确定纤维成分往往需要借助一些现代的检测仪器和手段。在此仅介绍两种简便易行、日常可操作的鉴别方法。

1. 感官鉴别法

用感官鉴别法判别面料，首先要对各种纤维材料非常熟悉，掌握不同纤维的特点。感官鉴别纤维的方法可总结为四个字：看、摸、闻、听。

（1）看　用眼睛看，根据面料中纱线纤维的光泽、粗细、条干均匀程度、毛羽状况等进行判别。在天然纤维中，棉纤维光泽较暗淡，有毛羽，条干比较均匀；麻纤维基本无光泽，纱线较棉纱粗且毛较多，含有细小杂质，条干没有棉纱均匀；羊毛的长度较麻纤维、棉纤维长，卷曲、柔软、有弹性，光泽柔亮；蚕丝的长度比棉纤维、麻纤维及羊毛长得多，具有柔和深邃的光泽。化学纤维的外观形态基本上相近，用目测和手感的方法区别各种化学纤维有一定的困难，因此，必须仔细地进行观察，然后结合其他方法，才能对面料成分进行准确的判断。

（2）摸　用手抚摸、揉搓、拉伸，去感觉面料的光滑度、柔软度、弹性、冷暖感、强度等。具体包括以下几个方面：

1）织物身骨的挺括和松弛。

2）织物表面的光滑与粗糙。

3）织物的柔软与坚硬。

4）织物的薄与厚。

5）织物的冷与暖。

6）织物对皮肤有刺激与无（少）刺激的感觉。

真丝面料手感细腻、有凉感、有一定弹性；纯毛织物手感温暖柔软、弹性好、有毛绒感；精炼棉布表面平滑光洁，略有光泽，手感柔软，棉坯布表面硬挺、无光泽、有浆料的胶质感，有些含有杂质疵点；麻布手感比棉布粗挺，来回抚摸布面可感受到纱条中的毛羽，布面无光泽或略有光泽，纱条有时会有粗细不均匀现象。

（3）闻　用鼻子闻有特殊味道的材料。如区分人造革与真皮时，闻味道就是一种常用的鉴别手段，发出塑料味道的为人造革，发出皮腥味的为真皮。

（4）听　用耳朵听织物相互摩擦发出的声音，如蚕丝织物的丝鸣声。

总的来说，手感目测是人们选购面料和服装时判断面料成分最重要的手段。感官鉴别法主要根据原料纤维的外观形态、色泽、手感以及强力等特点，通过人的感觉器官，用眼观、手摸、耳听、鼻闻的方法来区别纤维的大类。此方法简单快速，但可靠性差，往往需要具有丰富的经验，故大都只作为鉴别的初步参考。

2. 燃烧鉴别法

燃烧鉴别法主要是借助各种纤维燃烧时的现象、气味和灰烬等特征，大致判断燃烧的纤维属于何种纤维。燃烧鉴别法一般只适用于纯纺和交织的织物。其方法是从织物的经向或纬向抽出几根或几十根经、纬纱线，将其分别成束，然后从以下几个方面仔细观察经、纬纱线燃烧时的反应。

（1）靠近火焰，观察纱线是否有卷缩、熔融等现象。

（2）接触火焰，观察纱线燃烧时火焰的颜色、燃烧的速度、散发的气味、是否有烟等。

（3）离开火焰，观察纤维燃烧后灰烬的颜色、形状和硬度等。

燃烧鉴别法是鉴别天然纤维还是合成纤维较为可靠的方法。一般天然纤维无热塑性，靠近火焰不会产生软化、熔融现象；而合成纤维则会软化、熔融，然后燃烧，且灰烬较硬，不易压碎。表 2—3 为常见纤维燃烧特征表。

表 2—3　常见纤维燃烧特征表

纤维名称	燃烧状态	气味	灰烬
棉纤维	靠近火焰不缩不熔，接触火焰迅速燃烧。火焰为橘黄色并伴有蓝色的烟，离开火焰能继续燃烧	烧纸的气味	灰烬呈线状，灰白色，细软，手触易成粉状
麻纤维			灰烬呈灰色或白色
羊毛纤维	靠近火焰收缩不熔，接触火焰冒烟燃烧，燃烧时有气泡产生，离开火焰能继续燃烧，有时自行熄灭，火焰为橘黄色	烧羽毛的臭味	灰烬多，为松而脆的黑色硬块，手压易碎，颗粒较粗
蚕丝	靠近火焰先卷缩，不熔，接触火焰缓慢燃烧，离开火焰自行熄灭。火焰为橘黄色、很小	烧羽毛的臭味	黑褐色小球，手压易碎，为细小颗粒
粘胶纤维	靠近火焰立即燃烧，且速度很快，火焰呈橘黄色	烧纸的气味	灰烬很少，呈灰白色
醋酯纤维	靠近火焰先熔化，接触火焰缓慢燃烧，并有深褐色胶状液，能迅速凝固成黑色有光泽的硬块	刺鼻的醋酸味	黑色有光泽，硬块能压碎
涤纶	靠近火焰收缩熔化，接触火焰熔融燃烧，离开火焰继续燃烧。火焰呈黄色、很亮	难闻气味	黑褐色不定型的硬块
锦纶	靠近火焰收缩熔化，接触火焰熔融燃烧，离开火焰继续燃烧。燃烧时不断有融化物滴下，趁热能拉成细丝，火焰很小并呈蓝色	难闻的刺鼻气味	玻璃状浅褐色硬球
腈纶	靠近火焰收缩，接触火焰迅速燃烧，离开火焰继续燃烧。火焰为明显的亮黄色，闪光，燃烧时有急促的“呼呼”声	辛酸的刺鼻气味	不规则、硬而脆的黑色块状
维纶	靠近火焰收缩软化，接触火焰燃烧，离开火焰继续燃烧，火焰猛烈，有浓色黑烟	难闻气味	不定型黑褐色小硬块，可压碎
丙纶	靠近火焰收缩熔融，接触火焰缓慢燃烧，离开火焰继续燃烧，熔融物趁热可拉成丝	石蜡气味	褐色透明硬块，可压碎
氯纶	靠近火焰收缩软化，接触火焰难以燃烧，离开火焰自行熄灭	氯气的刺鼻味	硬而脆的黑色硬块

三、面料结构分析

面料结构是影响面料外观风格、面料性能、服装造型效果及服装制作工艺的主要因素。面料的种类繁多，结构各异，如何使面料特性与服装造型、风格完美结合、相得益彰，要依靠设计师不断地学习积累及长期的实践总结。进行面料结构分析实操，有助于加深同学们对面料结构相关知识的理解与掌握。

对于面料结构的分析，我们主要从织物的组织结构与密度两方面进行。

1. 使用的器材

分析镜（俗称照布镜）、针、布料小样（原组织），如图 2—24 所示。

图 2—24 织物结构分析工具与材料

2. 分析步骤与方法

（1）确定织物的正反面及经纬向。

（2）进行织物密度分析 梭织物密度是指单位长度内纱线的排列根数，分经密与纬密。经密是指沿织物纬向，单位长度内经纱的排列根数；纬密是指沿织物经向，单位长度内纬纱的排列根数。织物密度的大小以及经纬密度的配比，对织物的外观、风格、物理机械性能有很大影响。对于面料密度的测定，服装企业常采用以下两种方法：

1）分解拆纱法 剪取一定长宽的面料，一般取 2.54（厘米）×2.54（厘米）的正方形试样，从边缘起逐根拆除，然后计数，就得到 1 英寸（1 英寸 =2.54 厘米）长度内的经、纬纱线根数，再除以 2.54，即得到每厘米的纱线根数。

2）照布镜分析法 一般照布镜的窗口尺寸是 2.54（厘米）×2.54（厘米）。在照布镜窗口中，点数经、纬纱的根数，就得到 1 英寸长度内经、纬纱的数量，然后折合成每厘米的纱线根数。

要注意的是，在取样时取样位置至少应离面料的头、尾 1 米以上，距布边 10 厘米以上。

（3）进行织物组织分析 分析织物组织也就是要找出经、纬纱的交织规律。一般在织物密度小、纱线较粗、组织较简单的情况下，可用分析镜直接观察织物组织图；在织物密度较大、纱线较细、组织较复杂的情况下，则要用拨拆法来分析织物组织。

1）直接观察法 分析步骤如图 2—25 所示。

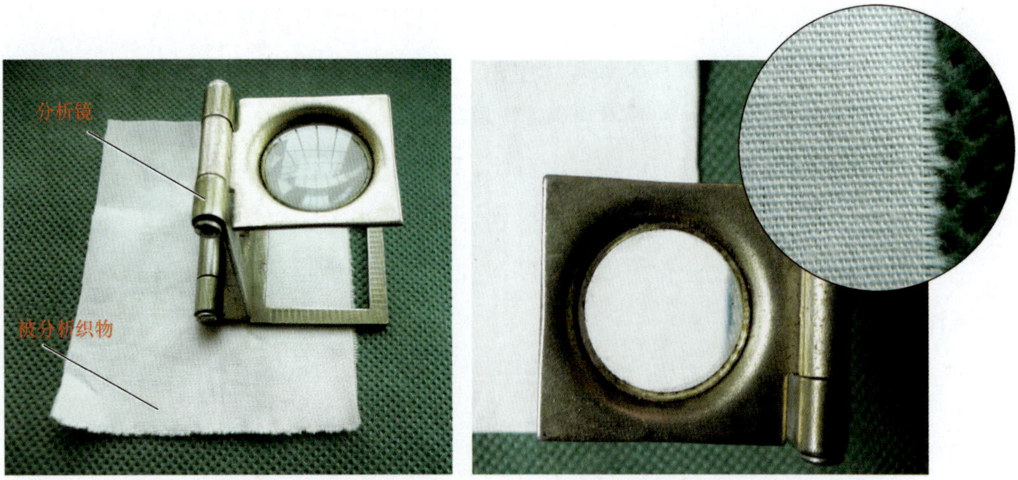

1. 将被分析织物置于分析镜下　　2. 从放大镜处进行观察，识别经纬交织规律

图 2—25 直接观察法分析织物组织结构

2）拔拆法 分析步骤如图 2—26 所示。注意：在选择拔拆方向时，最好是将密度大的纱线拨开，观察密度小的那个组织的纱线与拔拆开的这根纱线的交织情况，这样较为清晰、易看。

1. 将样品的经、纬线沿边拆去1厘米左右，留出丝缨　　2. 用针将第一根经线拨开，使之与第二根经线稍有间隔　　3. 用分析镜逐根观察丝缨中经、纬线交织规律。观察一根抽去一根，再拨开第二根以同样方法观察，直到一个完整循环为止

图 2—26 拔拆法分析织物组织结构

自测园地

• 知识回顾

1. 如何依据面料的花纹来区别面料的正反面？

2. 对于有倒顺区别的面料，我们在使用的过程中应该注意哪些问题？

3. 服装面料的原料鉴别方法有哪几种？

4. 什么叫纤维感官鉴别法？鉴别的原理是什么？有哪些优缺点？

5. 用燃烧鉴别法将常见的纺织纤维分类，并叙述各类纤维燃烧现象。

6. 为什么不能单用显微镜观察法来区别合成纤维？

7. 什么叫密度？怎么分析织物的密度？

• 深入思考

1. 用什么简便方法区别棉纱线、人造棉纱线、蚕丝？并简述理由。

2. 可以用什么方法区别蚕丝织品与羊毛织品？并简述理由。

3. 怎样鉴别纯棉织品与腈纶/棉混纺织品？

4. 怎样鉴别纯毛纱线、毛/腈混纺纱线、纯腈纶纱线？

5. 要想测试毛/涤纱线混纺比该用什么方法？并简述其原理。

• 拓展训练

分析老师发放的面料小样，并按下表内容认真记录。

<table>
<tr><td>姓名</td><td></td><td>学号</td><td></td><td>班级</td><td></td></tr>
<tr><td>织物小样</td><td>此处贴织物小样一
1. 只贴面料上端
2. 表面为织物正面
3. 经向为竖直方向，纬向为水平方向</td><td colspan="2">此处贴织物小样二
1. 只贴面料上端
2. 表面为织物正面
3. 经向为竖直方向，纬向为水平方向</td><td colspan="2">此处贴织物小样三
1. 只贴面料上端
2. 表面为织物正面
3. 经向为竖直方向，纬向为水平方向</td></tr>
<tr><td rowspan="3">成分鉴别</td><td>鉴别方法：</td><td colspan="2">鉴别方法：</td><td colspan="2">鉴别方法：</td></tr>
<tr><td>结果：</td><td colspan="2">结果：</td><td colspan="2">结果：</td></tr>
<tr><td>依据：</td><td colspan="2">依据：</td><td colspan="2">依据：</td></tr>
<tr><td>密度分析</td><td></td><td colspan="2"></td><td colspan="2"></td></tr>
<tr><td>结构分析</td><td></td><td colspan="2"></td><td colspan="2"></td></tr>
</table>

知识拓展

显微镜法鉴别纤维

显微镜鉴别法就是通过显微镜观察纤维的纵向和横截面形态特征来鉴别各种纤维，是一种应用较广泛的方法。显微镜鉴别法对于天然纤维的鉴别准确度很高。而合成纤维的纵向都很平滑，呈棒状，截面大都为圆形，也有呈哑铃形的，在显微镜下不易区分，所以不能单以显微镜鉴别法来决定合成纤维的品种，还应结合其他方法加以鉴别。常见纺织纤维的纵向和横截面形态特征见下表。

纤维名称	纵向形态	横截面形态
棉	天然扭曲，扁平带状	腰圆形，有中腔
亚麻	有横节、竖节	多角形，中腔较小
羊毛	圆柱状，表面有鳞片	圆形或接近圆形，有些有髓质层
桑蚕丝	平直	不规则三角形
涤纶、锦纶	平滑	圆形
腈纶	平滑或有 1～2 根沟槽	圆形或哑铃形
粘胶	纵向有沟槽	锯齿形，有皮芯层
显微镜下观察到的纤维纵向与横截面示意图	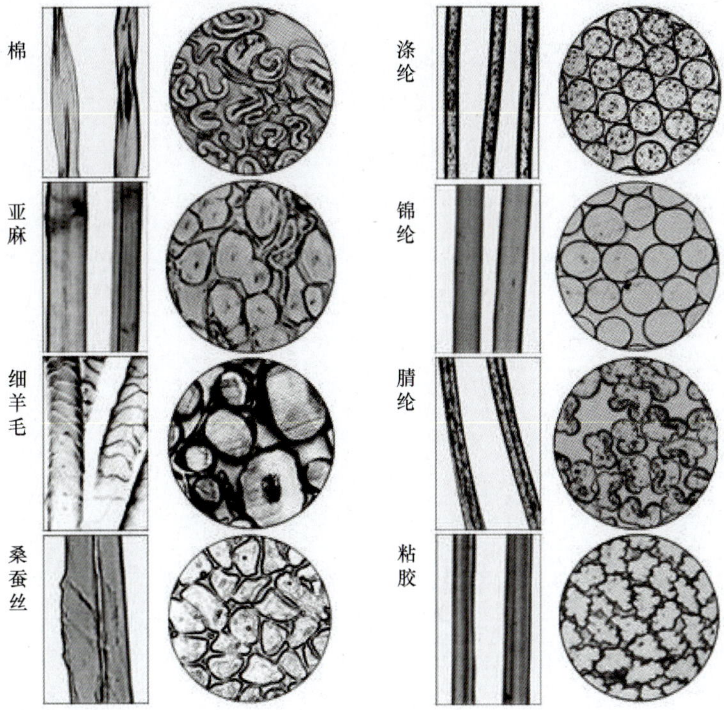	

第三章

服装面料性能

服装面料的风格及特性对服装的造型性能、加工性能及服用性能等都有很大影响。为了设计出更优美的服装造型，生产出高质量、低成本的服装产品，应注意掌握各种服装面料的性能特点，全面深入地认识织物，达到科学选择面料、正确使用面料的目的。

学习目标

◆ 了解服装面料各度量指标的含义。

◆ 掌握影响面料内在质量的主要性能指标所表达的意义及对服装设计的影响。

◆ 了解衡量面料服用性能的主要指标，掌握常用服装面料的服用性能。

第一节　服装面料基本性能指标

面料基本性能指标是指影响面料物理机械性能与化学性能的指标，包括度量与内在质量两个方面的指标。

一、面料的度量

面料有四个度量：幅宽、匹长、厚度和重量。

1. 幅宽

幅宽是指织物左右布边间的宽度。幅宽公制单位是厘米（cm），在国际贸易中有时也用英寸（in）表示。织物的幅宽由织造设备和染整设备条件决定。从服装生产节约用料的角度考虑，宽幅面料比窄幅好。服装面料常用的面料幅宽为 90 ～ 160 厘米。面料的幅宽有内幅与外幅之分。外幅宽是指两布边间的距离，但由于布边的结构、密度一般与布身不一致，因此布边是不能用的。所以，内幅宽才是面料的有效幅宽。

根据国家标准规定，面料的实际幅宽与设计幅宽允许有一定范围误差。因此，购买进厂的同一批产品，织造时由于技术原因，幅宽往往有差异。所以，生产前要认真核验幅宽，以便科学合理地进行排料、画样，从而保证裁片质量和节约用料。

在检测面料的幅宽时，每匹面料需检测三次，即布头、中间和布尾。布头、布尾测幅宽取距离头端 1 米处。纬向弹性面料，由于其布幅的不稳定性，进行三次检测更为重要。如果发现幅宽异常，检查时就要增加检查次数。

幅宽误差在 0.5 厘米以内者，应注明各匹料的幅宽。如幅宽为 99.5 ～ 100 厘米时，排料、画样则按99.5厘米宽取料，避免排料出边。幅宽误差在1 厘米以上者，则应另外使用，或者将该段料剪断，再集中同样幅宽的布料统一排料、画样、裁剪。

2. 匹长

匹长是指一匹织物的长度（中间无断头），一般用米（m）表示，在国际贸易中也常用码（yd）表示（1 yd≈0.914 m）。生产中主要是根据织物的用途、重量和织机的卷装容量，再结合包装、运输和销售等方面的需要确定织物匹长。如果仅从服装生产方面来考虑的话，面料匹长越长越好。因为匹长短时，铺布时留的布头就多，浪费就多，增加生产成本。综合各方面的因素，一般棉织物的匹长为 27 ～ 40 米，精纺毛织物的匹长为 50 ～ 70 米，粗纺毛织物的匹长为 30 ～ 40 米，丝织物的匹长为 20 ～ 50 米。

3. 厚度

织物的厚度是指在一定的压力下织物的绝对厚度，以毫米（mm）为单位。织物的厚度与所用经、纬纱的粗细，织物组织结构和密度，以及染整加工条件等有关。织物的厚度主要会影响到服装的风格、耐磨性、保暖性、透气性、悬垂性等。织物按厚度的不同可分为轻薄型、中厚型和厚重型三类。由于织物柔软有弹性，测量绝对厚度易产生误差，因此实际生产中常用重量来间接反映面料的厚重程度。

4. 重量

织物的重量通常用织物单位面积（平方米）的重量（克）来表示，单位为克 / 平方米（g/m^2）。织物重量不但影响服装的服用性能和加工性能，而且是价格计算的主要依据。在原料相同的情况下，面料重量越大，表示织物越厚重，用料也越多，相应价格就高。重量在 195 克 / 平方米以下的织物属于轻薄型织物，适宜作夏季服装面料；重量在 196 ～ 314 克 / 平方米的织物属于中厚型织物，适宜作春秋服装面料；重量在 315 克 / 平方米以上的织物属于厚重型织物，适宜作冬季服装面料。

一般棉织物重量在 70 ～ 250 克 / 平方米；精梳呢绒织物重量在 130 ～ 350 克 / 平方米，粗梳呢绒织物重量一般是 300 ～ 600 克 / 平方米；薄型丝织物重量一般是 20 ～ 100 克 / 平方米。在进行面料的重量检验时，应该将实际测量的每匹重量与吊牌所示的重量进行对比，一般允许有 2% ～ 5% 的差异。

二、面料的内在质量

1. 密度

梭织物的密度是指单位长度内纱线的排列根数，常用“根 /10 厘米”来表示，外贸有时也用“根 / 英寸”表示。密度分经密和纬密。织物的密度用经、纬纱密度的乘积来表示，经密在前、纬密在后。如某织物经密为 230 根 /10 厘米，纬密为 210 根 /10 厘米，则该织物的密度表示为 230×210。

织物密度是衡量织物品质的重要指标之一。当织物的原料、组织结构、纱支（纱线粗细）相同时，密度增加，其强度、耐磨性、保暖性、重量等指标随之增加，而透气性、透水性、柔软性、悬垂性则随之降低。一般棉织物和呢绒织物的密度在 100 ～ 600 根 /10 厘米，麻织物的密度在 40 ～ 400 根 /10 厘米，丝织物的密度在 1 000 根 /10 厘米左右。生产中如略微减少织物经纱或纬纱的密度，就可以降低物料成本，外观上一般非专业检验人员是不容易鉴别出来的，但其内在质量会受到一定影响。因此，购买进厂的面料要注意织物密度的检验，若与标定的经纬密度不符合，可以投诉或要求退换货。

2. 断裂强力

断裂强力是指织物在受到经向或纬向外力时，被拉至断裂时所能承受的载荷。它是考核织物耐穿性的重要指标。织物的断裂强力主要与面料成分，组织结构，经纬纱的粗细、结构、密度等因素有关。不同品种的服装，对于织物断裂强力的要求也不同。如训练服、劳保服等对面料的断裂强力要求较高，以保证足够的耐用性并起到安全保护人体的作用。

3. 耐磨性

耐磨性是指织物抵抗磨损破坏的能力。织物的磨损有折边磨、曲磨和平磨等。如衣服的袖口和裤口折边的主要磨损为折边磨，裤子膝盖和上衣肘部的主要磨损为曲磨，袖口、裤口和臀部的主要磨损为平磨。

影响织物耐磨性的因素有纤维种类、纱线结构、织物组织结构、染整加工工艺等。

（1）纤维种类　纤维本身是断裂强力高、断裂伸长率大及弹性好的纤维织物，它的耐磨性就好。在各种纤维中，锦纶的耐磨性最好，因此常用它做袜子原料；涤纶的耐磨性也比较好；羊毛的断裂强力低，但其弹性好，所以耐磨性也比较好。

经试验比较，常见纤维耐磨性的顺序为：锦纶 > 涤纶 > 氨纶 > 亚麻 > 腈纶 > 棉 > 丝 > 羊毛 > 粘胶纤维 > 醋酸纤维。

（2）纱线结构　粗纱比细纱的耐磨性好，就平磨而言，捻度高的纱线比捻度低的耐磨性好，股线比单纱的耐磨性好。

（3）织物组织结构　在经纬密度配合合理的情况下，交织点多的织物其耐磨性好。如三原组织中，平纹织物耐磨性好，缎纹织物耐磨性较差，斜纹织物的耐磨性介于两者之间。

在组织结构相同的情况下，织物密度越大，耐磨性越好；但过于紧密的织物，柔软性差，折边处就容易磨损。

（4）染整加工工艺　织物经过树脂整理后，其耐磨性提高。

4. 弹性

弹性就是指织物变形后的恢复能力。织物在外力的作用下会产生两种形式的变形，即弹性变形与塑性变形。当外力去除后，能恢复原状的变形称为弹性变形；当外力去除后，不能恢复原状的变形称为塑性变形。当产生塑性变形时，表明织物已受到破坏。

弹性变形又可分为急弹性变形和缓弹性变形两种。急弹性变形是指织物受外力作用产生变形，当外力去除后能立即恢复原状的变形；缓弹性变形是指当外力去除后瞬时不能恢复原状，需经一定时间逐渐恢复的变形。当产生缓弹性变形时，在服装的表面就会产生起皱、起拱的现象。

服装在穿着的过程中，会受到拉、压、揉、搓等各种外力的作用，从而使面料产生起皱、起拱等变形。当所受外力消失后，如果面料能很快恢复原状，就说明这种面料的弹性好；如果产生的变形不能恢复或需要熨烫才能恢复原状，就说明这种面料的弹性差。在服装上，我们常用“抗皱性”“免烫性”来衡量面料弹性的好坏。

面料弹性的好坏主要与纤维成分、纱线结构、织物组织结构以及染整加工工艺等因素有关。

（1）纤维成分　在天然纤维中，羊毛的弹性最好，蚕丝和棉次之，麻最差。在化纤中，氨纶的弹性最好，在伸长 50% 时它的弹性恢复率可达 95%～99%，接近橡胶，因此氨纶又称为弹性纤维；其次是锦纶、丙纶、涤纶、腈纶，粘胶弹性最差。

纤维弹性的好坏直接影响着织物的弹性与保形性。纤维弹性好，织物就能保持比较稳定的外观，形成褶皱也容易消失。如涤纶、锦纶的弹性好，这类面料服装就不易起皱；棉、麻、粘胶纤维弹性差，这类面料服装易起皱且褶皱不易消失。

（2）纱线结构　经纬纱线加一定的捻度，有利于提高织物的弹性。

（3）织物组织结构　一般组织点少的织物弹性好。因此三原组织中，平纹织物弹性差，而缎纹织物弹性好。

（4）染整加工工艺　抗皱处理、树脂整理等都可以增加织物的弹性。

5. 起毛、起球与钩丝

织物在实际穿着和洗涤过程中，不断经受摩擦，使织物表面的纤维端露出织物表面，形成毛茸即为起毛；若毛茸不能及时脱落，互相纠缠，形成球形小粒即为起球；如在使用过程中，纤维被钩出或钩断而露出织物表面即为钩丝。如果面料易起毛起球、易钩丝，就会影响服装的美观。根据国家标准《服装理化性能的技术要求》（GB/T 21295—2014），服装成品起球的允许程度不小于 3 级，有抗钩丝要求的成品抗钩丝性不小于 3～4 级。

影响面料起毛起球的因素很多，主要有：

（1）面料纤维成分

1）天然纤维织物以及大部分人造纤维织物不易起球。

2）合成纤维的纯纺或混纺织物：锦纶、涤纶、丙纶易起球，腈纶、维纶次之。

3）纤维的长度、细度和断面形态的关系：短的、细的、断面接近圆形的易起球。

（2）织物组织结构　相同情况下，单位面料内交织点多的织物不易起毛、起球、钩丝。

（3）纱线结构　精梳纱、强捻纱以及条干匀称的纱条织制的织物不易起毛起球。

（4）染整加工工艺　上浆、添加柔软剂以及表面涂层等工艺，都可在一定程度上提高织物的抗起毛起球性。

面料的抗钩丝性主要取决于织物的组织结构。一般情况下，结构紧密、单位面积内交织点多的织物抗钩丝性较强，如梭织物的抗钩丝性一般优于针织物，平纹织物的抗钩丝性优于缎纹织物。

6. 收缩率

服装面料在放置、熨烫或洗涤过程中，其经、纬向尺寸会发生一定的收缩变形，这种变形情况我们就用收缩率来表示：

$$收缩率=\frac{面料变形前经（或纬）向长度-面料变形后经（或纬）向长度}{面料变形前经（或纬）向长度}\times 100\%$$

面料的收缩率主要取决于纤维成分、组织结构、密度以及加工工艺等因素。在加工过程中，面料产生的收缩主要有：

（1）自然收缩　织物在生产及卷装过程中，在纵、横方向都会受到一定的拉伸而使其处于张紧状态。面料经抖松后放置在自然状态下，由于空气中水汽的作用以及时间的延长，其内应力会逐渐消失，从而使织物经、纬向产生一定的收缩，这种收缩率就称为自然收缩。

（2）水洗收缩　即我们常说的缩水，常用缩水率来表示面料缩水程度的大小。造成这一现象的原因，一方面是充分浸湿后的纤维会发生膨胀，纱线因此而变粗，这使得相互交织的纱线增加了弯曲程度，反映在整个织物上便产生了长度的缩短；另一方面，织物在织造、染整加工过程中积累的缓弹性伸长，遇水后就会快速回缩，从而导致织物缩短。一般情况下，织物经向的变形积累远远大于纬向。

缩水率的大小主要与纤维的吸湿性、织物的结构、纱线的性能、加工工艺条件等因素有关。天然纤维比合成纤维吸湿性好，其缩水率就比合成纤维织物大。纬向紧密度大的织物，如卡其、府绸类，由于经纱相互排列紧密，所以纬向缩水率就较经向小。而平纹类织物经、纬向密度接近，因此这类织物经、纬向缩水率比较接近。呢类织物由于结构稀松，经纬向缩水率都较大。常见面料的缩水率见表3—1。

表 3—1　常见面料的缩水率一览表

织物品种	缩水率（%）	
	经向	纬向
棉平布	6	2.5
棉纱卡其、纱华达呢、斜纹布	6.5	2
棉丝光平布	3.5	3.5
丝光哔叽、斜纹、华达呢	4	3
丝光府绸	4.5	2
丝光线卡其、线华达呢	5.5	2
经过防缩处理的棉织物	1～2	1～2
色织条格棉府绸	5	2
被单棉布	9	5
真丝织物	5	2～3
真丝绉线和纹纱织物	11	5
纯毛或羊毛含量 70% 以上的一般粗纺呢绒	3.5～4	3～3.5
精纺呢绒	3.5～5	3.5～5
组织结构较疏松的精纺呢绒	5 以上	5 以上
人造棉、人造丝绸、有光纺	10	8
人造丝和真丝交织织物	8	3
涤 / 棉混纺平布	1.5	1
涤 / 粘中长化纤布	2～3	2～3

在服装成品品质检测中，缩水率是一个重要指标。缩水率过大，会影响服装洗涤后的尺寸，甚至影响穿着。因此，对于水洗服装，生产前需要模拟实际洗涤状态，进行缩水率测试。方法如下：

1）抽取 10% 的布匹，在每匹布上剪下 15 厘米 ×15 厘米的小样，并在每个小样上做出经、纬向记号以及标上对应布匹的编号。

2）所有试样用线缝成一串，按照常规成衣洗水工艺洗涤。

3）测定每块面料水洗后的长度和宽度，并分别计算其经、纬向缩水率。

$$缩水率=\frac{水洗前试样长（宽）-水洗后试样长（宽）}{水洗前试样长（宽）}\times 100\%$$

如果每块试样测得的缩水率相等或相近，可按所测的缩水率制作或适当修改服装样板；如果试样测得的缩水率各不相同，就需要按照以上方法测试每一匹布的缩水率，并分档归类，重新制作适合各种缩水率的服装样板。

（3）干烫收缩　在干热的作用下（如面料在粘衬或干熨烫时），织物在其经、纬向产生的收缩，叫干烫收缩。干烫收缩率的大小主要与纤维的热融性有关，如涤纶、腈纶、锦纶等合成纤维织物就较容易产生干烫收缩。经过高温定型的化纤面料，干烫收缩率小，未经高温定型的面料，干烫收缩率大。

（4）湿热收缩　在湿热的作用下，织物在其经、纬向产生的收缩，叫湿热收缩。在服装生产过程中，常常会通过蒸汽熨烫来对服装进行定型、整理，这时就会产生湿热收缩。因此，对于湿热收缩率较大的面料如毛织物，生产前必须用预缩机充分预缩后才能进行裁剪，以防止生产过程中因蒸汽熨烫而产生收缩，影响服装的美观及规格。

7. 耐热性和热可塑性

织物在高温下保持自身机械性能的能力称为耐热性。织物受热后，强度一般会下降，强度下降的程度随温度、时间和纤维的种类而不同。织物受热以后，在低温时呈现物理变化，在高温时发生化学变化，天然纤维和人造纤维会变黄甚至分解炭化，合成纤维会软化、熔融。

当织物吸湿后，将其加热压成一定的形状并迅速冷却，那么织物就会以这一形式固定下来，织物的这种性质就叫热可塑性。服装的“归”“拔”工艺以及熨烫定型就是利用了面料的热可塑性，使服装在热的作用下达到需要的形态。

服装无论是在生产过程中还是在使用过程中，都需要进行熨烫。熨烫其实是一个对织物进行加湿、加热、加压、去湿冷却的定型过程，衣服经过熨烫获得平挺、丰满、美观的外观效果。不同纤维面料的耐热性不同，熨烫时所能承受的温度也不同。常见纤维面料熨烫参考温度见表3—2。

表3—2　常见纤维面料熨烫参考温度

织物名称	直接熨烫（℃）	覆盖干布熨烫（℃）	覆盖湿布熨烫（℃）	熨烫方法
麻织物	180～200	200～220	220～240	在织物正面熨烫时需垫布或喷水，含水量控制在20%～25%；也可在反面直接熨烫。褶裥处不宜重压，以免纤维折断
棉织物	170～190	190～210	210～230	在织物正面熨烫时需垫布或喷水，含水量控制在15%～20%；也可在反面直接熨烫
羊毛织物	160～180	180～200	200～230	羊毛织物在正面直接熨烫易产生“极光”，因此需垫湿布熨烫。由于羊毛的热可塑性较强，在熨烫时不能过度拉伸，以防产生塑性变形
桑蚕丝织物	160～180	180～200	200～230	在熨烫桑蚕丝织物前，必须先喷水，含水量控制在25%～35%，一般不宜在正面熨烫，可在反面直接熨烫

续表

<table>
<tr><th>织物名称</th><th>直接熨烫（℃）</th><th>覆盖干布熨烫（℃）</th><th>覆盖湿布熨烫（℃）</th><th>熨烫方法</th></tr>
<tr><td>柞蚕丝织物</td><td>150 ~ 160</td><td>170 ~ 190</td><td>190 ~ 210</td><td>柞蚕丝织物如果喷水烫易产生水渍，需在反面直接熨烫</td></tr>
<tr><td>粘胶人造丝织物</td><td>160 ~ 180</td><td>190 ~ 200</td><td>200 ~ 220</td><td>在织物表面喷水，含水量控制在 10% ~ 15%，然后在反面熨烫。熨烫时用力不能过重，免得正面出现极光而影响美观。较厚的或深色的衣料，熨正面时要垫湿布或干布，才能达到平挺而无极光的效果</td></tr>
<tr><td>涤纶织物</td><td>150 ~ 170</td><td>170 ~ 190</td><td>190 ~ 210</td><td rowspan="3">这类织物所能承受的温度较低，正面熨烫时一般需要垫湿布，含水量在 70% ~ 80%；也可直接从反面熨干烫挺</td></tr>
<tr><td>锦纶织物</td><td>120 ~ 140</td><td>150 ~ 170</td><td>180 ~ 200</td></tr>
<tr><td>腈纶织物</td><td>110 ~ 130</td><td>140 ~ 160</td><td>180 ~ 200</td></tr>
</table>

自测园地

● 知识回顾

1. 请同学们认真记住以下几个 重要概念：

幅宽（门幅） 匹长 经向 纬向 斜向

2. 下列指标各反映了织物的什么特性?

密度 重量 厚度 缩水率

● 拓展训练

5 个同学组成一组，每组领取 4 块小样（绵绸与涤丝纺各 2 块），下课后进行缩水率测试实验：用日常洗涤服装的方式将这 2 种面料的小样进行充分浸润洗涤，晾干后测量水洗后的经、纬向长度，然后分别计算出各自经、纬向的缩水率，试比较：

1. 同种面料经向与纬向缩水率哪个大?

2. 绵绸与涤丝纺哪种面料的缩水率大?

知识拓展

拉细羊毛

细支羊毛和超细支羊毛是加工各类高级面料的原料。羊毛细度越小，价格越昂贵，且产量也非常有限。目前，有效获得细支羊毛的方法有三种：一是羊种的遗传培育与改良；二是羊毛纤维的减量变性处理；三是羊毛纤维的拉伸细化加工，这是现阶段能大量获得细支羊毛的最有效、快速的方法。

羊毛拉伸细化技术是通过物理和化学相结合的方法，通过拉细、定型等工艺，获得拉细羊毛。应用这种方法，可将中等细度羊毛加工成超细、超长羊毛，使羊毛价值成倍提高。羊毛拉伸细化技术是一种蕴含极大经济价值和市场前景的工艺，是由澳大利亚联邦科学与工业研究组织研发成功的。

羊毛经拉伸处理后，纤维表面鳞片变薄且间距加大，截面形态由近圆形变为多边形，从而使拉细羊毛具有了丝一般的光泽，且羊毛特有的“缩绒性”减小。拉细羊毛的强度优于加工前的原毛，但在弹性、耐磨性、耐疲劳性等方面性能有所下降。

拉细羊毛织物兼具蚕丝与羊绒的优良特性，是一种具有高附加值的高档服装面料，应用前景广阔。

第二节 服装面料服用性能指标

服用性能指标是指影响面料穿着舒适性、卫生性及造型性能的指标。服装面料不仅需要有良好的内在质量，而且需要有优良的服用性能，才能使服装穿着舒适、美观。作为设计师，应该了解不同类型面料的服用性特点，根据服装的不同用途、不同风格要求来合理选用面料。

一、面料的吸湿性与透气性

1. 吸湿性

人体穿着衣服后，身体与环境之间始终处于能量交换中。人体的舒适感取决于人体本身产生的热量、水分与周围环境散失热量、水分等之间能量质量交换的平衡。例如高温环境中，如果穿着吸湿性好的衣服，就会感觉干爽；如果穿着吸湿性差的衣服，就会感觉闷热、黏身。因此，吸湿性是服装面料舒适性指标之一，面料吸湿性的大小主要与下列因素有关：

（1）纤维种类　纺织纤维的种类不同，它们的结构成分不同，吸湿性也不尽相同。天然纤维和人造纤维，由于纤维分子含有大量的亲水基团，且纤维之间有很多空隙，所以具有良好的吸湿性能。其中麻纤维由于吸湿散热快，接触冷感大，因此是理想的夏季衣料。羊毛和蚕丝不仅吸湿性好，而且吸湿饱和度也高，因此即使在很潮湿的环境中感觉仍然是干燥的。

合成纤维绝大多数都不含或很少含亲水基团，加上分子间排列紧密，因此，吸湿性比一般天然纤维差。合成纤维中维纶的吸湿性最好，丙纶的吸湿性最差，几乎不吸湿，所以合成纤维制品穿着有闷热感。

常见纺织纤维的吸湿性大小排列顺序为：羊毛 > 粘胶 > 麻 > 丝 > 棉 > 维纶 > 锦纶 > 腈纶 > 涤纶 > 丙纶。

（2）纱线结构　一般情况下，织物含气量高则吸湿性好，因此低捻度纱织物比高捻度纱织物的吸湿性好。针织物和绒类织物用纱一般为低捻度纱，吸湿性好。

（3）织物组织结构　组织松软的织物比组织紧密的织物吸湿性好，一般情况下针织物的吸湿性比机织物好，经编针织物更好。起绒织物和起毛织物的吸湿性比一般织物好。因此，针织物和绒类织物常用来制作内衣和睡衣。

2. 透气性

透气性是指当织物两侧存在一定的压力差时，空气透过织物的能力。服装面料分为易透气面料、难透气面料和不透气面料三种。影响服装面料透气性的主要因素有纤维的性质、织物的组织结构和吸水作用。

（1）纤维性质　通常天然纤维比化学纤维透气性好，因为天然纤维横截面大都有空腔，而化学纤维的横截面多为实心。

（2）织物组织结构　织物的组织结构对织物透气性的影响比纤维本身性质对透气性的影响还大。织物密度越大，厚度越厚，织物的透气性越差；反之，织物的密度越小，厚度越薄，织物的透气性越好。因此，人们将薄料用作夏季面料，厚料用作冬季面料。

（3）吸水作用　一般情况下，纤维吸水后会膨胀，使纤维内部和纱线之间的空隙减少，同时水分也会阻塞空隙，使织物的透气性明显降低。因此，易吸水的织物浸湿后透气性会有一定程度的下降。例如桑蚕丝服装在干燥状态下，穿着舒适透气；但当被汗水浸透后，其透气性能下降，此时穿着就会有憋闷的感觉。

二、面料的弯曲性能与手感

1. 刚柔性

人们对不同的服装有着不一样的刚柔性要求，有的需要挺括有形，有的需要飘逸自然。如人们选择外衣时，大都考虑挺括有形，而选择内衣时则要考虑柔软舒适。因此，刚柔性是设计师选择面料时必须考虑的又一主要指标。

刚柔性是指织物的抗弯刚度和柔软度，它是考核织物手感好坏的指标之一。抗弯刚度是指织物抵抗其弯曲方向形状变化的能力，它常用来评价其相反的特性——柔软度。对于服装面料来讲，一般内衣要求具有良好的柔软度，使其穿着合体舒适；而外衣则要求具有一定的刚度，使其形状挺括、保形性好。影响织物刚柔性的因素有纤维的性质、纱线结构、织物组织结构及染整加工工艺等。

（1）纤维性质　织物的抗弯刚度主要取决于纤维本身的抗弯性能，纤维的抗弯性能直接与纤维的初始模量有关。纤维的初始模量越低，其织物的手感越柔软。羊毛的初始模量较低，因此手感柔软。麻的初始模量高，织物手感刚硬。棉和蚕丝的初始模量中等，棉织物和丝织物的手感中等。在化学纤维中，合成纤维的初始模量高，因此手感较刚硬，锦纶又比涤纶、腈纶的手感柔软些；人造纤维（如粘胶、大豆纤维）的初始模量低，其手感也较柔软。

（2）纱线结构　纱线越细，手感越柔软。捻度越大，抗弯刚度越大，柔软性越低，因此，降低纱线的捻度，可以改善织物的手感。针织物的用纱捻度比机织物的小，因此针织物的手感比机织物的手感柔软。

（3）织物组织结构　单位面积内经纬纱的交织点越多，织物的手感越刚硬。在三原组织中，平纹组织织物交织点最多，其手感刚硬，斜纹组织织物次之，缎纹组织织物手感最柔软。相同纤维，纱支、捻度也相同的织物，密度越大，手感越刚硬；密度越小，手感越柔软。相同纤维，厚织物比薄织物的刚度大。

（4）染整加工工艺　印染企业通常采用后整理的办法来改善织物的刚柔性。例如，通过上浆的方法增加织物的硬挺度；通过砂洗、石磨、磨毛、抓绒、上柔软剂等方法增加织物的柔软性，但是通过上浆和上柔软剂的方法改善织物的刚柔性，其效果一般会随着水洗次数的增加而逐渐减小。

2. 悬垂性

悬垂性是指织物在自然悬垂状态，下垂部分受本身重量和柔软程度的影响而形成的特性。悬垂性好的织物做成服装后能显示出轮廓平滑的线条和波浪均匀的曲面，给人以柔美的动感，如喇叭裙、披风、家庭装饰用的窗帘布等，都要求织物的悬垂性要好。

悬垂性与刚柔性有关，抗弯刚度大则悬垂性差，柔软性好的织物悬垂性好。悬垂性还与纤维的性质、纱线的结构、织物的组织结构有关。一般情况下，织物能够充分悬垂的条件是厚度小、重量大、结构松弛。实际生产中，我们常将衣料放在人台上进行模拟实验，以此来评判面料的悬垂性。

同样的织物，纱向不同，悬垂性不同。一般机织物经向比纬向悬垂性好些，斜向悬垂性最好。

三、面料的染色牢度

染色牢度是染色布、印花布和色织布等有色织物重要的质量指标。它是指有色织物在阳光、水洗、摩擦、汗渍等外界作用下保持自己原有色泽的程度。织物的染色牢度与纤维的种类、纱线的结构、织物的组织结构、印染方法、染料种类等有关。

1. 日晒牢度

日晒牢度是指有颜色的织物受日光作用变色的程度。试验日晒牢度的方法既可以采用自然日光照晒，也可以采用日光机照射。日晒牢度分为 8 个等级，8 级最好，1 级最差。如丝绸服装，日晒牢度差，忌在日光下长时间曝晒，适宜在通风处阴干，晾晒时反面向外；化学纤维中锦纶的日晒牢度比较差。

2. 皂洗牢度

皂洗牢度是指有颜色的织物经过皂液洗涤后色泽变化的程度。皂洗牢度分为褪色牢度和沾色牢度，两种牢度均分为 5 个等级，5 级最好，1 级最差。皂洗牢度差的服装，水洗时水温要低，时间要短。沾色牢度差的服装不要与浅颜色的服装混洗，以免沾染。深色面料的天然纤维皂洗牢度比较差。

3. 摩擦牢度

摩擦牢度是指有颜色的织物经过摩擦后的掉色程度。它分为干摩擦牢度和湿摩擦牢度。摩擦牢度分为 5 个等级，5 级最好，1 级最差。靛蓝牛仔布就是利用靛蓝染料摩擦牢度低的特点，将服装进行石磨，使其全部或局部褪色出现特殊风格。

4. 汗渍牢度

汗渍牢度是指有颜色的织物沾浸汗渍后的掉色程度。汗渍牢度共分 5 级，5 级最好，1 级最差。

5. 熨烫牢度

面料在熨烫后有可能会产生变色、沾色等外观变化，因此生产前应对熨烫色牢度进行试验，以确定正确的熨烫温度。

测试织物的各种染色牢度情况都有标准的测试方法，最后将试验物与标准样照对比来评定等级。一般织物要求 3 级以上染色牢度方可作为服装面料，染色牢度太差的面料不适宜制作服装，服装生产前面料要经过染色牢度测试方可使用。

四、面料的基本安全性检测

纺织产品在印染和后整理等加工过程中要加入各种染料、助剂等整理剂，这些整理剂或多或少含有或会产生对人体有害的物质。当有害物质残留在纺织品上并达到一定量时，就会对人体皮肤甚至健康造成危害。因此，必须对纺织产品提出安全方面最基本技术要求，使纺织产品在生产、流通和消费过程中能够保障人体健康和人体安全。

现行国家强制性标准《国家纺织产品基本安全技术规范》（GB 18401—2010）中有对纺织产品的基本安全技术要求，详见表 3—3。

表 3—3 《国家纺织产品基本安全技术规范》的技术安全要求

项目		A 类	B 类	C 类
甲醛含量（毫克 / 千克）≤		20	75	300
pH[a] 值		4.0 ~ 7.5	4.0 ~ 8.5	4.0 ~ 9.0
染色牢度[b]（级）≥	耐水（变色、沾色）	3 ~ 4	3	3
	耐酸汗渍（变色、沾色）	3 ~ 4	3	3
	耐碱汗渍（变色、沾色）	3 ~ 4	3	3
	耐干摩擦	4	3	3
	耐唾液（变色、沾色）	4	—	—
异味		无		
可分解致癌芳香胺染料[c]（毫克 / 千克）		禁用		

a. 后续加工工艺中必须要经过湿处理的非最终产品，pH 值可放宽至 4.0 ~ 10.5

b. 对需经洗涤褪色工艺的非最终产品、本色及漂白产品不要求；扎染、蜡染等传统的手工着色产品不要求；耐唾液色牢度仅考核婴幼儿纺织产品

c. 致癌芳香胺限量值 ≤ 20 毫克 / 千克

1. 产品分类说明

A 类是指婴幼儿用品，年龄在 36 个月及以内的婴幼儿使用的纺织产品；B 类是指直接接触皮肤的产品，在穿着或使用时，产品的大部分面料直接与人体皮肤接触的纺织产品；C 类是指非直接接触皮肤的产品，在穿着或使用时，产品不直接与人体皮肤接触或仅有小部分面积直接与人体皮肤接触的纺织产品。

2. 安全技术要求

婴幼儿用品应符合 A 类产品的技术要求，直接接触皮肤的产品至少应符合 B 类产品的技术要求，非直接接触皮肤的产品至少应符合 C 类产品的技术要求，其中窗帘等悬挂类装饰产品不考核耐汗渍色牢度。

3. 标注要求

婴幼儿用品必须在使用说明上标明“婴幼儿用品”字样。其他产品应在使用说明上标明所符合的安全技术要求类别（如 A 类、B 类或 C 类）。产品按件标注一种类别。

4. 检验规则

采用抽样检查的方式：如果是成衣检验，就从每批产品中按颜色、品种随机抽取有代表性的样品，每个品种和每个颜色各抽取一个样品；如果是面料检验，取样时至少距布端 2 米取样，样品尺寸长度不得小于 0.5 米的整幅宽。

检验中，如果所抽取样品全部合格，则判定该批产品的基本安全性能合格；如果有不合格样品，则判定该样品所代表的品种或颜色的产品不合格。

自测园地

- **知识回顾**

1. 书中介绍的纤维中，哪些纤维的吸湿性好？哪些纤维的吸湿性差？面料吸湿性好坏对于服装的服用性能有什么影响？

2. 面料弹性的好坏与什么因素有关？

3. 什么叫悬垂性？面料悬垂性的好坏对于服装的造型有什么影响？

- **深入思考**

1. 在购买服装时，同学们都是从哪些方面来衡量服装面料的好坏的？

2. 通过本节的学习，同学们对于服装面料性能又有什么新的认识呢？下课以后请大家回去翻翻你的衣橱，从面料的弹性、吸湿透气性、刚柔性、悬垂性等方面来品评你的服装。

知识拓展

天然浮力材料——木棉纤维

木棉纤维与棉纤维一样，都属于天然纤维素纤维，是天然纤维中最轻、中空度最高的纤维，是非常优良的浮力材料，其纺织制品能够承载自身质量 20 倍以上的重物漂浮在水面。这一特点使木棉纤维成为救生服的理想材料，而且与 PVC、PE 等泡沫塑料填充的救生衣相比，木棉纤维纺织制品还不易老化。

木棉纤维除了用于浮力材料外，还可用于房屋的隔热层和吸声层填料，比单一毛纤维的隔热材料具有更好的吸热性和热滞留性。

木棉纤维还具有非常优良的吸油性，可吸收约 30 倍于自身质量的油，对于植物油、矿物油，无论是水上浮油还是空气中的油分，都能吸收。目前市场上吸油材料中，木棉所占市场份额最大，约占天然吸油材料销售量的 80%。

木棉救生服

第四章
常用服装面料

随着科技的进步，各种新材料、新工艺不断涌现，服装面料的外观、性能、功能也呈现出日新月异的发展，出现了越来越多的功能性面料，如纳米抗菌面料、远红外线面料、抗辐射面料等。本章主要介绍常见服装面料的品种及特性。

学习目标

- 了解梭织面料、针织面料各自的特性。
- 掌握四大类梭织面料代表品种的特性及其用途。
- 掌握常见针织面料的特性及其用途。

第一节　梭织面料

梭织面料种类繁多，外观风格千姿百态，服用性能也千差万别，是服装上应用最广泛的面料。根据梭织面料布面风格的不同，可将梭织面料分为棉型织物、麻型织物、丝型织物和毛型织物四大类。

一、棉型织物

棉型织物是指由棉纱、棉与其他纤维混纺纱线或棉型化纤织制而成，布面具有棉布风格的织物。棉型织物外观朴实、自然，穿着舒适，是童装、家居服、休闲装（见图 4—1）以及家居纺织品的常用面料。根据织造与后整理工艺的不同，棉型织物可分为棉坯布、漂染棉布、色织棉布、丝光棉布等品种。常见的棉型织物如图 4—2 所示。

图 4—1　棉型织物服装

棉坯布：又叫原色棉布，经、纬纱为纯棉纱线，织造后不经过漂白、印染加工处理，使其具有天然棉纤维自然的色泽。由于不经炼漂，纱线的含浆量高，因此布身硬挺厚实、布面平整密实，下水后缩水率较大。棉坯布常用作服装衬料、口袋布，以及常在服装立体裁剪与试样时使用。

白坯布　印花布　色织棉布　丝光棉布

图 4—2　常见的棉型织物

漂染棉布：将坯布经过漂白、印染等染整加工工艺处理而制成的棉型织物。根据染整加工工艺的不同，漂染棉布可分为漂白布、素色布和印花布。

色织棉布：将纱线经染色后再进行织造而制成的棉型织物，有全色织和半色织之分。由于纱线先染后织，所以这类面料色牢度高，染色均匀。区分色织面料与印染面料时主要看面料的反面，色织面料正反色泽一致，印染面料正面色泽鲜艳、清晰，反面颜色暗淡、模糊。

丝光棉布：将棉布经过丝光处理，使布面更光洁平整，呈现出如丝绸般的光泽。

棉纤维具有强度较高、吸湿透气、保暖性好、穿着舒适、耐穿耐磨、不易起毛起球的优点。但棉的弹性差，织物易起皱、易受潮发霉，因此，单纯的纯棉产品已经不能满足人们对纺织产品多样化的追求。棉混纺纤维及棉型化纤的创新与应用，在棉纺行业中所占的比重越来越大，各种新型棉织物、功能性棉织物不断涌现，使棉型织物在家纺、服装中得到广泛应用。为了便于分析，我们根据其布面风格的不同，将常用棉型织物划分为四大类：平纹布、斜纹布、贡缎与起绒类面料。

1. 平纹布

平纹布属于轻薄型棉织物，织物组织以平纹及变化平纹为主，布面平整、细密，布身轻薄、柔软，主要品种有粗布、细布、泡泡纱、府绸、帆布等，如图 4—3 所示 。

粗布床单　细布　泡泡纱

暗条纹府绸床上用品　帆布鞋、包

图 4—3　平纹棉型布

（1）粗布　粗布是指采用纱支较粗的棉型纱线织制的棉布，布身厚实粗糙，布面棉结杂质较多，结实耐用，穿着凉爽舒适、透气吸汗，常用于制作夏季裤装、罩衣及家居装饰品等。

（2）细布　细布是指采用纱支较细的棉型纱线织制的棉布。其特点是布身细洁柔软，质地轻薄紧密，布面杂质少，常用作内衣、夏季服装、婴幼儿服装等面料。

（3）泡泡纱　泡泡纱最大的特征就是布面均匀密布凹凸不平的小泡泡。这类面料多是运用细布遇烧碱溶液收缩起皱而形成泡泡；此外，还可采用一紧一松两个经轴织造，因松紧不一产生条状泡泡。泡泡纱织物轻薄，活泼可爱，穿着时不贴身，洗后不用熨烫，透气、凉爽，常用于制作儿童与女夏装。但泡泡纱面料经多次搓洗后，泡泡会逐渐平坦。泡泡纱有纯棉、涤棉和纯化纤三类，前两者服装用较多，后者家居装饰用较多。

（4）府绸　府绸是指采用细支纱配合较大的经纬密度织制的棉布。织物质地细腻紧密，表面纹理清晰、颗粒饱满、富有光泽，兼有丝绸风格。它主要用于制作中高档衬衫、睡衣、床上用品等。但府绸面料有一大缺点，即用其缝制的服装易出现纵向裂纹，这是因为府绸经密比纬密大 1 倍左右，导致经向强度远远大于纬向强度，从而使织物易产生纵裂。

（5）帆布　帆布经、纬线都采用纱支较粗的股线，原料以纯棉纱和纯化纤仿棉纱为主。织物布身厚实、硬挺，布面有明显的交织颗粒，手感粗涩，风格粗犷，常用作箱包、鞋面以及一些类粗犷风格服饰品用料。

2. 斜纹布

斜纹布的主要特点是布面织纹清晰，有明显的斜向纹路，布身厚实、硬挺，织物组织以斜纹或变化斜纹为主。其原料有纯棉、棉与化纤混纺、棉麻混纺、棉绢混纺以及纯化纤仿棉。斜纹布的主要品种有卡其布、牛仔布、各式线呢等。

（1）卡其布（见图 4—4）　卡其布有纱卡、半线卡和线卡三类。纱卡的经、纬纱为单纱，采用单面斜纹，正面斜向纹路清晰，呈左斜纹，反面比较模糊，布身疏松柔软，适合夏季服装。半线卡也是单面斜纹，不同的是其经纱为股线，纬纱为单纱，正面为右斜纹。线卡的经纬纱全为股线，采用双面斜纹组织，正反面斜纹纹路均很明显，只是正面为右斜纹，反面为左斜纹，布身硬挺，常用作春秋季休闲服装面料。

图 4—4　卡其面料休闲裤

（2）牛仔布　牛仔布具有纹理清晰，风格粗犷，布身厚实、硬挺、耐穿耐脏的特点，深受广大消费者喜爱。牛仔布是以纯棉靛蓝染色的经纱与本色的纬纱交织，组织结构以斜纹及斜纹变化组织居多，一些夏季薄型牛仔布有时也采用平纹组织。

随着科技的进步，除传统蓝色斜纹牛仔布外，还出现了许多花式牛仔布，如弹力牛仔布、雪花牛仔布、彩条牛仔布、涂层牛仔布等。牛仔布的原料大都为纯棉，一些低档牛仔服为降低成本，也采用混纺和纯化纤原料织制。大部分牛仔服常常是先用坯布缝制，成衣染色，然后再采用砂洗、水洗、化学洗等做旧工艺来增强面料的陈旧感和粗犷感，以便更好地体现出牛仔服张扬的个性，如图 4—5 所示。

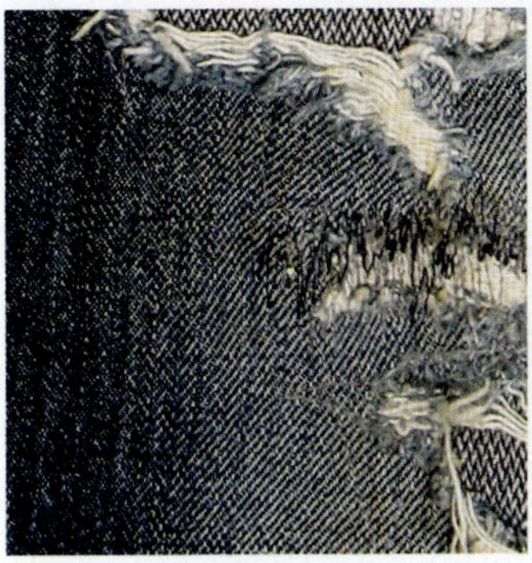
做旧斜纹牛仔布

变化斜纹牛仔布

加入银线交织的牛仔布

图 4—5　丰富多彩的牛仔面料

（3）线呢　线呢是指采用染色的棉、棉混纺纱或棉型化纤为原料，织制出外观类似毛呢织物风格的一类棉型织物的统称。织物组织以斜纹、变化斜纹以及绉组织为主。这类织物表面织纹明显，颗粒饱满，有立体感，布身厚实、挺括，外观风格类似呢绒面料，稍缺乏毛呢面料的毛感，适合制作男女春秋服装、童装及家居装饰用品，如图 4—6 所示。

线呢（斜纹）

线呢（变化组织）

劳动布

图 4—6　斜纹棉型面料

（4）劳动布　劳动布的经、纬纱采用较粗的双股线，两上一下单面斜纹，布身厚实，强度大，耐摩擦，有弹性，穿着不贴身，结实耐用，适合制作工作服，如图 4—6 所示。劳动布的经纱一般染成蓝色，而纬纱一般采用白色或灰色，由于经、纬纱颜色不同，交织出的布正、反面色彩不同。劳动布常为纯棉布，缩水率较大，在裁剪前应预缩水。

3. 贡缎

贡缎有直贡缎与横贡缎两类，均采用缎纹或浮长较长的急斜纹，其工艺为先染后织，属于色织布。贡缎布面纹路宽而清晰，有较长的浮长线，故手感细腻、光泽好，类似毛料的礼服呢外观。直贡缎采用较大的经密，织物组织为经面缎或经面斜纹，经向有较长的浮长线，表面呈纵向织纹效果，故名直贡缎（见图 4—7）；横贡缎采用较大的纬密，织物组织为纬面缎或纬面斜纹，纬向有较长的浮长线，表面呈横向的织纹效果。贡缎常用于制作休闲西服、服装镶边、鞋面及高档家居纺织用品。

图 4—7 印花直贡缎床上用品

4. 起绒类面料

起绒类面料包括拉绒棉布与起绒织物两类，如图 4—8 所示。

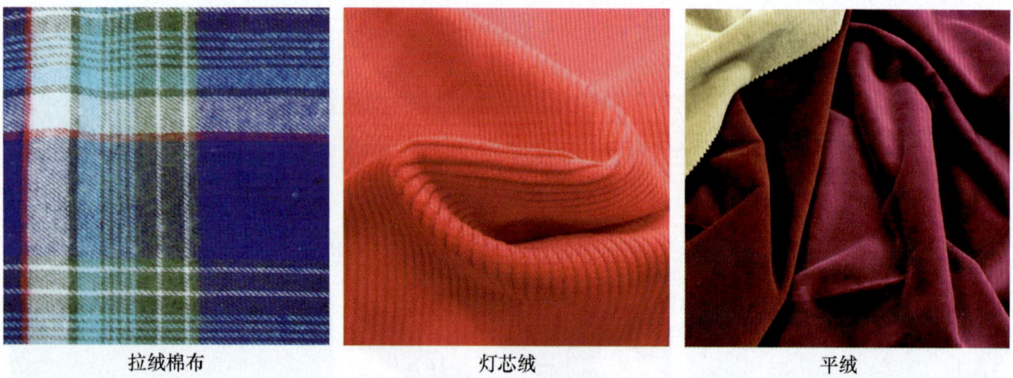

拉绒棉布　　灯芯绒　　平绒

图 4—8 起绒类棉布

（1）拉绒棉布　拉绒棉布又叫绒布，是棉坯布经拉绒处理，在织物表面形成一层蓬松绒毛的织物。其面料柔软厚实、保暖舒适，常用于制作家居服和婴幼儿服装。绒布有单面绒与双面绒之分，织物组织常用平纹和简单斜纹。

（2）起绒织物　起绒织物由起绒组织织制而成，织物下机后经割绒处理，在织物表面形成绒毛，属棉布类中的高档产品。其代表品种有灯芯绒、平绒等。

1）灯芯绒：织物表面有呈条状耸立的绒毛，故灯芯绒又称条绒。灯芯绒可织成粗细不同的条绒，其绒面较紧密而平坦，绒条丰硕饱满，耐磨性好，外形美观，主要用作外衣面料，可做男女各式服装。洗涤灯芯绒服装时切忌用热水烫、用力搓，以免脱绒；也不宜洗涤后熨烫，以免倒绒。

2）平绒：织物表面平坦均匀地分布着绒毛，故称为平绒。平绒织物具有绒面平整、光泽充足、手感柔软、富有弹性、不易起皱等特点，适宜制作春秋女装、马甲、外衣、鞋面、手袋等。平绒服装在穿着时易脱绒，应避免强力揉搓；熨烫时要垫水布，不能过分用力，以免烫倒绒毛，烫后要刷毛。如果把起绒用的纱线经丝光处理后再织物，就可以得到表面绒毛光泽更好的平绒，也叫丝光平绒。

除上述常规品种外，随着科技的创新以及人类日益增长的返璞归真的消费需求，棉型织物的品种越来越丰富（见图4—9），许多与棉纤维性能接近的天然纤维素纤维也不断涌现，如竹纤维、莱赛尔纤维（天丝）等，棉型织物应用领域越来越广，服装、家居、工业、医疗等领域都有棉型织物的身影。

棉锦阻燃面料
在棉锦混纺面料基础上经过阻燃工艺处理

复合织物
将棉型织物与其他面料复合使正反面呈现不同效果

剪纱牛仔布
重纬组织经过剪纱工艺处理将长浮长纱线修剪

图4—9　品种繁多的棉型织物

二、麻型织物

麻型织物指由麻纱、麻混纺纱或化纤仿麻纱织制而成的，布面具有麻布风格的织物，如图4—10所示。麻的品种很多，用于服装面料的主要是亚麻和苎麻。麻纤维属于纤维素纤维，其织物拥有与棉相似的性能，但其强度、导热性、刚性比棉更高，因此麻织物手感硬挺、穿着凉爽、吸湿散湿快，且抗霉菌性好，不易受潮发霉，有抗菌除臭的保健作用，是夏季理想的服装面料。

图4—10　亚麻面料服装

麻纤维弹性差，断裂伸长率小，故麻织物不耐磨，易折皱，洗后需熨烫。

麻型织物的品种比棉布少得多，但因有其独特的刚挺性、透湿性能和保健功能，近年来，纺织领域中正大力研究与开发麻与其他纤维混纺或交织的新品种，使其品种日趋丰富、用途更加广泛，如图4—11所示。

苎麻面料　亚麻面料　丝麻面料

绢麻面料　毛麻面料　纯化纤仿麻面料

图4—11　麻型织物

1. 纯麻面料

（1）苎麻面料　苎麻面料是由苎麻纤维纺织而成的面料，分手工与机织两类。手工苎麻布俗称夏布，因其质量好坏不均，故多用作蚊帐、麻衬、衬布用料；而机织苎麻布品质与外观均优于手工制夏布，其布面紧密平整、匀净光洁，经漂白、染色后可制作各种服装。苎麻服装穿着挺爽，透气出汗，是理想的夏季服装面料。

（2）亚麻面料　亚麻面料是由亚麻纤维加工而成的面料，分原色和漂染两种。原色亚麻布不经漂白、染色，具有亚麻纤维的天然色泽。漂白亚麻布经过炼漂、丝光、染色处理，比原色布柔软光洁。亚麻布因布面细洁平整、布身柔软又有弹性，具有穿着凉爽舒适、出汗不贴身等优点而成为各式夏季服装的面料，如外衣、衬衣等。

2. 麻混纺、交织面料

苎麻、亚麻纤维均可与其他纤维混纺或交织，大都为低比例麻纤维与化纤、天然纤维混纺或交织，目的是集各类纤维之长、补其之短，使面料性能更加优化，同时也可降低成本。

（1）麻棉面料　麻棉面料是指用麻棉混纺纱线或麻纱与棉纱交织的面料。麻棉布外观上既保持了麻织物爽滑挺括的风格，又具有棉织物柔软的特性，改善了麻织物不够细洁、易起毛的不足，适合制作春、夏季服装。

（2）毛麻面料　毛麻面料是指采用不同毛麻混纺比例纱织成的各种织物。毛麻混纺面料具有手感滑爽、挺括、弹性好的特点，适合制作男女各式时装、套装、套裙、马夹等。毛麻面料的主要品种有毛麻人字呢和各式毛麻花呢。

（3）丝麻面料　丝麻织物是近年来非常受欢迎的面料，其织物外观既有真丝织物柔软、飘逸又富有光泽的特征，又兼具麻织物爽滑挺括的服用舒适性，穿着凉爽透气又不黏身，是制作夏季服装的理想面料。

（4）麻与化纤混纺织物　麻与化纤混纺使织物既具有麻吸湿、透气的特性，又具有化学纤维细腻、有弹性、保形性好的特点。麻常与涤纶、腈纶等纤维混纺，混纺织物的主要品种有涤麻花呢、腈麻花呢、麻涤帆布等。麻与化纤混纺织物毛型感强，挺括有弹性，吸湿透气性也较好，适合制作西服、时装、套裙、夹克等。

三、丝型织物

丝型织物指由各类长丝（包括天然蚕丝、人造长丝、合成纤维长丝等）织制而成的织物。为了便于区分，通常把由天然蚕丝织造而成的丝织物称为“真丝绸”。中国是丝绸的故乡，根据考古学家的考古发现推测，在距今五六千年前的新石器时期中期，我国便开始了养蚕、取丝、织绸。到了商代，丝绸生产已经初具规模，具有较高的工艺水平，有了复杂的织机和织造手艺。西汉时期，中国丝绸通过著名的“丝绸之路”被运往中亚、西亚并到达欧洲，中国的丝绸生产技术也在这一时期传播到中亚地区。图 4—12 为丝绸出土文物。

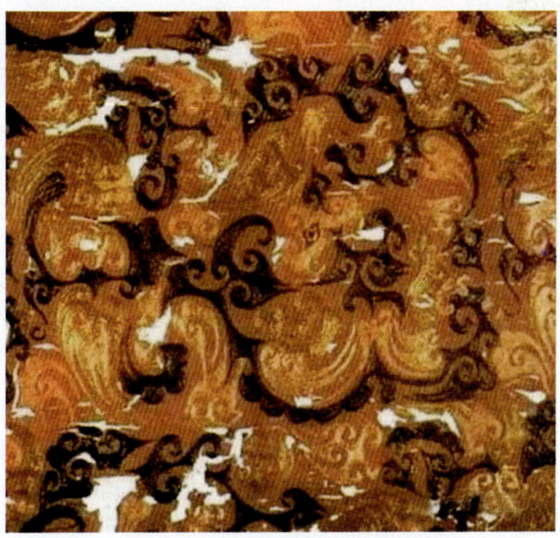

图 4—12　丝绸出土文物

注：这是丝绸之路上发现的最早的丝绸实物，出土于新疆阿勒泰山北侧的巴泽雷克和乌鲁木齐附近的阿拉沟一带，为战国时期一块凤鸟纹刺绣绢。

丝型织物的品类是最丰富的，按组织结构和外观特征可分为十四大类，即纺、绫、缎、绉、绸、绢、绡、绨、纱、罗、葛、锦、呢、绒。生活中常见的丝型织物主要有纺类、绸类、纱类、绉类、绡类、锦缎类和绒类等。

1. 纺类

纺类丝织物属于轻薄型丝织物，是指用桑蚕丝、绢丝、化纤长丝等为原料织成的平纹织物，经纬丝一般不加捻或加弱捻，织物质地轻薄、布面平整细密，适合制作衬衫、睡衣裙、服饰品、家居装饰品等。纺类的代表品种有洋纺、电力纺、绢丝纺、富春纺、涤丝纺、尼丝纺等，如图 4—13 所示，它们各自的特性及用途见表 4—1。

真丝电力纺　　人丝富春纺　　高密尼丝纺

图 4—13　纺类织物

表 4—1　纺类织物代表品种的特性及用途

品种	原料	特性	主要用途
洋纺	桑蚕丝	经纬丝纤度细，织物密度较小，布身轻薄飘逸、柔软爽滑、光泽细腻柔和	高档服装里料
电力纺	桑蚕丝	经纬采用双根或多根并合，织物密度比洋纺大，质地紧密细洁，光泽柔和，布身轻薄飘逸。穿着出汗时易黏着身体，经水洗或砂洗后可改善这种状态，也可增加绸身的柔软感	衬衫、休闲夹克、高档服装里料、床上用品等
绢丝纺	绢丝	采用缫丝的下脚料加工成的绢丝织制而成，织物有一种自然的陈旧感，组织为平纹或简单斜纹，布面质地丰满柔软、手感软糯、光泽柔和、悬垂性好，比电力纺厚实，并有良好的吸湿、透气性，但穿后易泛黄、发毛	男女衬衫、睡衣、睡袍等，外销服装使用较多
富春纺	经为人造长丝，纬为人造棉	质地丰厚，手感柔软，悬垂性较好，布面呈现横向细条（原因是经纱细、纬纱粗）。下水后发硬，缩水大，弹性差，易皱，强度差，易撕裂	女裙、家居罩衫、睡衣裙、被面等

续表

品种	原料	特性	主要用途
涤丝纺	涤纶长丝	质地轻薄、挺括，布面细纹颗粒清晰，弹性较好，不易起皱，吸湿性差，有闷感，易起静电，有时还可经过树脂轧花处理，以增加织物的花色	中、低档服装里料
尼丝纺	锦纶长丝	质地比涤丝纺细密，手感滑腻，有蜡的腻感，身骨比涤丝纺软，抓捏后会产生皱痕。如经涂层处理或配合高密度织制，可防水	羽绒服面里料、风雨衣等

2. 绸类

绸类丝织物是指采用桑蚕丝、人造丝、合成纤维丝等纯织或交织而成的无其他类丝织物特征的各种花、素丝绸织物，一般采用平纹、斜纹或其变化组织。绸类丝织物比纺类稍厚重些，但其各品种的轻重、厚薄差异较大。轻薄型绸面料质地柔软，富有弹性，常用于制作衬衫、裙料及围巾等；中厚型绸面料层次丰富，质地平挺厚实，适宜制作各种高级服装（如西服、礼服）或供室内装饰之用。绸类的代表品种有塔夫绸、绵绸、双宫绸、美丽绸、花线春等，如图 4—14 所示，它们的特征及用途见表 4—2。

细旦涤纶塔夫绸　　双宫绸（刺绣）　　人丝美丽绸

图 4—14　绸类丝织物

表 4—2　绸类织物代表品种的特性及用途

<table>
<tr><th colspan="2">品种</th><th>原料</th><th>特性</th><th>主要用途</th></tr>
<tr><td rowspan="3">塔夫绸</td><td>真丝塔夫</td><td>桑蚕丝</td><td rowspan="3">色织工艺，平纹组织，最明显的特征是经纬密度很大，是绸类织品中最紧密的一个品种。具有质地紧密细洁、绸面平挺、光滑细致、手感硬挺、色泽鲜艳、色光柔和明亮、不易脏污等特点，缺点是易折皱、折叠重压后折痕不易恢复</td><td>高档礼服、羽绒服、防寒服、头巾等</td></tr>
<tr><td>涤塔夫</td><td>涤纶长丝</td><td rowspan="2">户外运动装、羽绒服和防寒服面料、伞布等</td></tr>
<tr><td>尼塔夫</td><td>锦纶长丝</td></tr>
</table>

续表

品种	原料	特性	主要用途
绵绸	人造棉	平纹组织，绸身软糯，弹性差、易起皱，强度低、不耐磨。绸面光泽暗淡，缩水率大，服装易变形。常用于低档服装	裙装、家居便服等
双宫绸	经：桑蚕丝 纬：双宫丝 （由双宫茧缫制而成）	因经细纬粗，绸面呈现均匀而不规则的粗节，质地紧密挺括、色光柔和，有色织与白织之分	休闲服装面料、装饰用绸等
美丽绸	粘胶人丝	斜纹组织，正面光亮平滑、斜纹纹路清晰，反面纹路略模糊、光泽暗淡，手感润滑，抓捏易起皱	常用于服装里料

3. 纱类

纱类丝织物是指采用加捻桑蚕丝、人造丝或合成纤维丝织成的透明轻薄织物。其经纬密度较疏松，表面有纱眼，透气性好，质地轻薄，广泛用于制作夏季服装、窗帘、蚊帐等。纱类的代表品种有乔其纱、香云纱等，如图 4—15 所示。

乔其纱　　烂花乔其纱　　香云纱

图 4—15　纱类丝织物

（1）乔其纱　乔其纱为平纹组织，经纬丝均采用强捻丝，密度较小，属于轻薄丝织品。织物经、纬丝均采用两根 S 捻和两根 Z 捻相间排列，由于捻向的不同使织物产生不同方向的扭曲，从而在表面形成均匀绉状颗粒。乔其纱具有质地轻薄稀疏、悬垂飘逸，表面有绉状颗粒纱孔，手感有麻涩感，吸湿透气，缩水率较大，穿着不会产生黏腻感的特性，适宜做夏季女衣裙、衬衫及婚礼服等。

（2）香云纱　香云纱因其绸面相互摩擦会“沙沙”作响，故最初叫“响云纱”，又名莨纱，为国家级非物质文化遗产。传统香云纱是生织的全真丝平纹地几何提花绞纱织物，为降低成本也有不提花的。香云纱的生产过程是先将白坯纱炼熟再洗水、晒干，平铺在空旷草地上，然后用薯莨植物的汁水浸染，经反复洒晒（或浸晒）36～40 次后，再用河涌淤泥覆盖、日晒，经过晒莨处理（见图4—16）后，加工成独具一格的丝质栲胶衣料。其色泽油亮，多为黑色，防水性好、绸身爽滑、轻快透凉、挺括利汗。香云纱表面的黑胶耐磨牢度差，易脱胶露底，胶质层摩擦脱落后会形成斑驳古朴的风格，且涂层脱落后衣服会越来越柔软。香云纱适宜做高档旗袍、衬衫、便服等。

图4—16　香云纱的晒莨工艺

4. 绉类

采用加强捻丝线的扭曲效应或运用绉组织等手段织制的外观呈现小颗粒状绉效果的富有弹性的丝织物，称为绉类丝织物。它的品种很多，其中以平纹组织配合强捻丝线产生绉效应为主，原料可用桑蚕丝纯织，也可用蚕丝与其他原料交织或纯化纤维丝织制。绉类织物以其独特的外观效果、良好的吸湿透气性和悬垂性，广泛用于各类时装衣裙、围巾、睡衣裙等。绉类织物的代表品种有双绉、顺纡绉、绉缎等，如图4—17所示。

双绉　　顺纡绉　　提花绉缎

图4—17　绉类丝织物

（1）双绉　双绉为平纹组织，平经绉纬，采用两种不同捻向的强捻纬纱以2S2Z交替织入，在布面上形成隐约可见的均匀闪光细鳞纹，别具风格。双绉具有手感柔软、富有弹性、轻薄凉爽等特点，属丝绸中高档品种；但缩水率较大，在制作前应注意预缩或放缩率。双绉有漂白、染色、印花等品种，用途很广，适宜制作衬衫、裙子、头巾、睡衣裙等。

（2）顺纡绉　顺纡绉为平纹组织，平经绉纬，与双绉不同的是纬丝采用单向的强捻丝，经炼染后，纬丝向一个方向收缩扭曲，从而在绸面形成直向绉纹。布面绉感明显，富有立体感，手感柔软，舒适透气，悬垂性好，弹性好。面料既可染色又可印花、绣花、烫金等，尽显典雅气质，是时装衬衫、裙装等的理想材料。

（3）绉缎　绉缎为采用平经绉纬织成的纯桑蚕丝或与其他纤维交织的缎类织物，有素绉缎与提花绉缎之分。织物具有爽挺舒适、弹性好、缎面光泽柔和等特点。其纬丝采用两根 S 捻与两根 Z 捻相间织造，从而使缎纹表面产生如碎波纹状的绉纹颗粒，适合制作男女衬衫、女裙等。

5. 绡类

绡类丝织物是指采用桑蚕丝、人造丝、合成纤维丝等织制的低密度平纹或透孔组织织物，具有质地爽挺轻薄、透明、孔眼方正清晰等特点，主要用于制作衬衫、礼服、围巾披肩、窗帘、工艺品等，代表种类有素绡、提花绡、烂花绡、修花绡等，如图 4—18 所示。

真丝素绡礼服

提花绡（花轮廓边缘清晰）

烂花绡（花轮廓边缘有毛丝）

图 4—18　绡类丝织物

6. 锦缎类

我们常说的锦缎实际上是缎与锦两类丝织物的合称。两者的主要区别是：

缎是单层经面缎或纬面缎，采用生织工艺，先织后炼染，以桑蚕丝或化纤长丝为原料，一般经纱不加捻或少加捻。缎类织物柔软滑爽，富有光泽，外观华贵高雅又不张扬，常用于制作夏季衣裙、睡衣、睡袍、戏装、工艺品以及家居装饰品等。但因织物表面浮长线长，故不耐磨、易起毛，不宜过多揉搓洗涤。

锦是丝绸织物中色彩最丰富的一种高档织品，外观五彩缤纷、富丽堂皇，我国名锦蜀锦、云锦、宋锦、壮锦享誉海内外，如图 4—19 所示。锦是重经或重纬的提花织物，采用熟织工艺（即色织），先染后织。锦比缎更厚实、色彩更丰富，花纹精致古朴，是制作服装袄面、旗袍与室内装饰物的极佳材料。

蜀锦　云锦　宋锦　壮锦

图 4—19　中国四大名锦

锦缎类织物代表品种的特性及用途见表 4—3。

表 4—3　锦缎类丝绸织物代表品种的特性及其用途

类别	品种	原料	特性	主要用途
缎	素软缎	纯桑蚕丝或桑蚕丝与人造丝交织	经面缎纹织物，经大纬密小，织物表面质地柔软有弹性，缎面光亮、高贵华丽	夏季衣裙、睡衣、睡袍、戏装等
	花软缎	经为桑蚕丝，纬为人造丝	真丝与粘胶人造丝交织而成的提花缎纹织物，具有质地柔软、光滑、花纹鲜明突出、精致细巧的特点	主要用来做妇女、儿童服装及少数民族服装
	织锦缎	经为加捻桑蚕丝，纬为有光粘胶人造丝	经面缎纹提花织物，具有花纹精细、质地厚实紧密、缎身平挺、色泽绚丽的特点，少则三色，多则七八色甚至十色，属于高档丝织物	适合于旗袍、便服、睡衣、礼服及少数民族盛装等
锦	蜀锦	纯桑蚕丝或桑蚕丝与有光粘胶人造丝交织	中国四大名锦之一，产于四川，多用染色的熟丝线织成，经线起花，运用彩条起彩或彩条添花，几何图案组织和纹饰相结合的方法织成，其质地坚韧厚实，色块饱满，立体感强，富有民族和地方特色	男女中式服装、家居装饰及民族服饰等
	云锦	经为桑蚕丝，纬为金银皮与有光粘胶人造丝	中国四大名锦之一，产于南京，由于织物图案中常配以祥云飞霞，犹如天空多彩变幻的云霞，故名云锦。云锦具有质地紧密厚重、风格豪放饱满、典雅雄浑、色彩富丽等特点	适宜做少数民族服饰和各种装饰材料
	宋锦	纯桑蚕丝或桑蚕丝与有光粘胶人造丝交织	中国四大名锦之一，产地主要在苏州，模仿宋朝锦缎风格的传统产品，具有锦面平挺、结构精细、光泽柔和雅致、色彩图案古色古香等特点	专供名人书画和贵重礼品的装裱使用
	壮锦	棉线、麻线或丝线	中国四大名锦之一，是壮族传统手工织锦，据传约起源于宋代。壮锦利用棉线或丝线编织而成，图案生动，色彩斑斓，充满热烈、开朗的民族格调，体现了壮族人民对天地的崇拜和对美好生活的追求与向往	用于制作衣裙、巾被、背包、台布等

7. 绒类

采用桑蚕丝或化纤长丝，通过起毛组织织制而成的表面具有绒毛或绒圈的花素织物，称为丝绒织物。丝绒织物具有外观绒毛紧密、耸立，质地柔软，色泽鲜艳光亮，富有弹性等特点。其代表品种有金丝绒、烂花绒（见图4—20）等，宜做妇女衣裙、晚礼服及少数民族礼服等。

图4—20 烂花乔其绒

四、毛型织物

毛型织物是指以羊毛、兔毛等各种动物毛及毛型化纤为主要原料制成的织品，包括纯纺、混纺和交织品，俗称呢绒。毛型织物品种非常丰富，根据生产工艺及外观特征的不同，大致可分为精纺呢绒、粗纺呢绒和长毛绒三大类。

1. 精纺呢绒

精纺呢绒由精梳纱织造而成。精梳纱光洁度好，纱线条干均匀，质量好，强度高，纱支较细。因此，精纺呢绒质地紧密，呢面平整光洁，织纹清晰，富有弹性，属于高档服装面料。精纺呢绒种类繁多，用途十分广泛。近年来，随着新原料、新技术、新设备的使用，精纺呢绒的新品种也在不断产生。精纺呢绒类面料风格如图4—21所示。

精纺呢绒根据织物组织的不同，可以分为平纹组织、斜纹组织、缎纹组织与变化组织四大类，其代表品种的特性及用途见表4—4。

派力司　凡立丁　华达呢

啥味呢　贡呢西服　各式花呢

图 4—21　精纺呢绒类面料风格

表 4—4　精纺呢绒代表品种的特性及用途

品种	组织	原料	特性	主要用途
派力司	平纹	混色毛纱，原料有全毛、混纺或纯化纤	轻薄品种，用混色精梳毛纱织制，外观呈杂色，隐约可见纵横交错的有色细条纹。质地细洁平整，手感滑爽挺括，重量比凡立丁稍轻。它与凡立丁的主要区别在于：凡立丁是匹染的单色，而派力司是混色，经密比凡立丁略大	适宜制作夏季男、女服装
凡立丁	平纹	原色毛纱，原料有全毛、混纺或纯化纤	薄型织物，纱支较细、捻度较大，经纬密度在精纺呢绒中最小。除平纹外，还有隐条、隐格、条格子等不同品种。呢面光洁均匀、不起毛，织纹清晰，质地轻薄透气，有身骨、不板不皱	适宜制作夏季、春秋季西服、西裤、裙装等
华达呢	双面斜纹	原色毛纱，原料有纯毛或毛与化纤、棉、麻等纤维混纺	经密是纬密的 2 倍，故布面斜纹纹路倾斜角度成 60° 左右。呢面光洁平整，纹路清晰，呢身厚实紧密，强度高，有身骨，弹性好。多为素色，也有闪色和夹花	常用作西服套装、制服等的衣料

续表

品种	组织	原料	特性	主要用途
啥味呢	双面斜纹	混色毛纱，原料有全毛或毛与化纤、棉、麻等纤维混纺	混色纱织制的混色织物，布面斜纹纹路倾斜角度成 45° 左右，经缩绒整理，呢面有短而均匀的绒毛，织纹隐约可见，色泽以灰、米、咖啡色等混色为主，外观具均匀的夹花风格，呢面平整，光泽自然，柔软富有弹性，手感温暖	适宜制作春秋男女西服、中山装及夹克等，故又名春秋呢
马裤呢	单面斜纹	纯色毛纱，原料有纯毛或毛与化纤、棉、麻等纤维混纺	精纺毛织物中最重的品种，属于传统的高级衣料。因其常用作骑马狩猎的裤料，故称“马裤呢”。马裤呢具有质地厚实、呢面光洁、正面斜纹粗壮、斜纹纹路倾斜角度成 70° 左右、反面纹路扁平、手感挺实有弹性的特点	常用于制作军服、制服、猎装等
贡呢	缎纹组织	单色或混色纱条，原料有全毛或毛涤、毛粘等混纺	又称礼服呢，是精纺呢绒中经纬密度最大而又较厚重的中厚型品种，有直贡呢与横贡呢之分，斜向纹路成 75° 以上倾角的，称为直贡呢；倾角为 15° 左右的，称为横贡呢。贡呢织物织纹清晰，光泽明亮，质地厚实，穿着贴身舒适，但因织物表面浮长线较长，耐磨性不及华达呢	适合制作礼服、大衣、西装上衣等
各式花呢	平纹、斜纹或变化组织	纯色或混色毛纱，原料有全毛或毛与化纤、棉、麻等纤维混纺	品种繁多，如牙签呢、女式呢、海力蒙等，分单面花呢、薄花呢和中厚花呢。呢面风格多样，通过加捻纱线得到麻质感或通过变化斜纹形成凹凸条纹或花纹，手感挺括，富有弹性，全毛花呢光泽柔和，膘光足，混纺花呢防缩耐磨，成衣保形性好	风格多样，适合于男女各式西服套服、风衣、夹克、休闲服装等

2. 粗纺呢绒

粗纺呢绒由中、低级改良毛、土种毛等所纺的粗梳毛纱织造而成，其纱支粗，毛纱内纤维排列不够整齐，条干均匀度差，毛纱表面有毛茸状。粗纺呢绒需经缩绒和起毛工艺处理，因此其呢面绒毛覆盖，底纹不明显，保暖性好，厚度粗犷，风格独特，可用于制作各类大衣、风衣、套装等。粗纺呢绒的主要种类有麦尔登呢、法兰绒、大衣呢及各式粗花呢等。

（1）麦尔登呢　麦尔登呢因首先在英国麦尔登生产而得名。按织物组织的不同，麦尔登呢分为平纹麦尔登呢、斜纹麦尔登呢和变化组织麦尔登呢三种，目前使用较多的是斜纹麦尔登呢。麦尔登呢呢坯经过重缩绒整理或两次缩绒而成，不露底；原料有全毛（有时为增加织品强力和耐磨性，混入不超过 10% 的锦纶短纤，仍称为全毛织品）、毛粘或毛锦粘混纺等，是一种品质较高的粗纺毛织物；呢面绒毛细密平整、不露织纹，身骨挺实、富有弹性，耐磨性好，不易起球，保暖性好，是粗纺呢绒中的高档产品之一，适宜制作冬季长短大衣和中山装等，如图 4—22 所示。

（2）法兰绒　法兰绒是粗纺呢绒中的混色缩绒品种，大都采用斜纹组织，也有用平纹组织的。法兰绒呢面有混色效果，表面绒毛丰满细洁密，不露织纹，不易起球，手感柔软有弹性，悬垂性、保暖性均较好；所用原料除全毛外，一般为毛粘混纺，有的为提高耐磨性混入少量锦纶纤维；适宜制作春秋男女上装和西裤，如图 4—23 所示。

图 4—22　麦尔登呢

图 4—23　法兰绒

（3）大衣呢　大衣呢是制作秋冬大衣的一种衣料，是粗纺呢绒中较高档的品种，其花色品种很多，主要有立绒大衣呢、顺毛呢、拷花呢、双面羊绒等（见图 4—24），品种不同，风格各异，基本特点是质地厚实、不露底、保暖性强。

立绒大衣呢

呢面绒毛密立、丰满，手感柔软又富有弹性，适合制作男女各式秋冬大衣

顺毛呢

呢面绒毛比立绒长，平顺整齐且不露底、不脱毛，手感丰厚顺滑，适合制作男女各式秋冬大衣

拷花呢

表面有人字形或波浪形凹凸花纹，纹路清晰，绒毛丰满，质地厚重，挺括有弹性，适宜制作高档大衣

双面羊绒

双层织物，正反均绒毛密立，两面花色可相同也可不同，整体手感细腻润滑，质地紧密，柔软轻盈，挺括而有弹性，正反可穿

银枪大衣呢

呢面中夹有均匀光亮的银白色枪毛，枪毛一般是马海毛，也有的是化纤仿毛，呢面毛感强，手感滑润、质地厚实、弹性好、保暖性强

各式粗花呢

品种繁多，常用两种或两种以上色纱合股织制，具有花纹丰富、质地粗厚、结实耐用、保暖性好的特点。适宜制作男女三季服装

图 4—24　各式大衣呢

3. 长毛绒

长毛绒又名海虎绒或海勃龙，为起毛立绒织物，它是由两组经纱（地经与毛经）与一组纬纱用双层组织织成，经割绒后得到两片具有同样长毛绒的织品，用来仿动物毛皮，具有绒面平整、毛长挺立丰满、手感柔软蓬松、质地厚实有弹性等特点，如图 4—25 所示。长毛绒通常用棉线做地经与纬纱，用毛纱或仿毛化纤做毛经。长毛绒有素色、夹花、印花、提花等品种，适用于冬季女装、童装、衣里、衣领、帽子及沙发等。

涤纶素色长毛绒

仿羊羔毛提花长毛绒

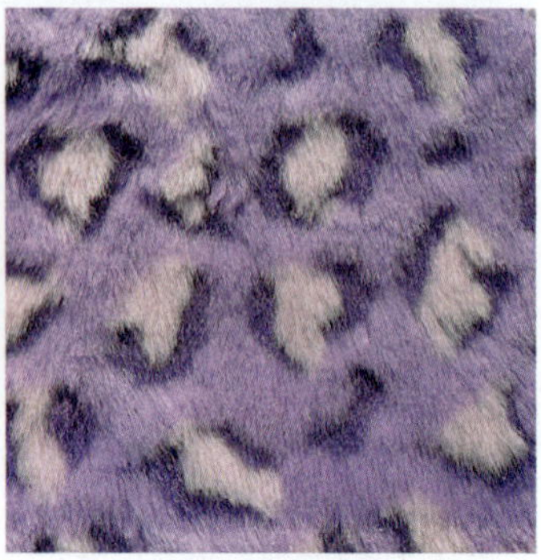

涤纶印花长毛绒

图 4—25　长毛绒（海虎绒）

自测园地

- **知识回顾**

1. 请同学们记住以下几个关键概念：

梭织物　针织物　纯纺织物　混纺织物　交织物　坯布　色织布

2. 什么叫棉型织物？棉型织物有哪些主要品种？请同学们简单描述一下它们各自的特性。

3. 什么叫丝型织物？丝型织物有哪些主要品种？请同学们简单描述一下它们各自的特性。

4. 什么叫毛型织物？毛型织物有哪些主要品种？请同学们简单描述一下它们各自的特性。

5. 什么叫人造纤维？什么叫合成纤维？两者相比较，各有什么优缺点？

6. 请同学们说出至少 3 种人造纤维面料名称，并简要总结一下它们各自的特性。

7. 请同学们说出至少 3 种合成纤维面料名称，并简要总结一下它们各自的特性。

- **拓展训练**

1. 随着科技的进步，出现了越来越多的新型纤维面料，请同学们上网查一查，除了书中所介绍的纤维面料外，还出现了哪些新型纤维？请至少查出 2 种并记录在笔记本上。

2. 请同学们到服装面料市场上收集至少 10 种不同风格的梭织面料小样，要求包括棉型、麻型、丝型、毛型、纯化纤五大类别，并制作成小样卡，标明面料名称、主要成分、风格特征、用途、价格等。

知识拓展

神奇的竹炭纤维

竹炭是竹材资源开发的又一个全新的具有卓越性能的环保材料，是竹子经过 800℃高温干燥碳化工艺处理后形成的。竹炭具有很强的吸附分解能力，能吸湿干燥、除臭抗菌，并具有负离子穿透等性能。竹炭纤维则是运用纳米技术，先将竹炭微粉化，再将纳米级竹炭微粉经过高科技工艺加工，然后采用传统的化纤制备工艺流程，即可纺丝成形，制备出合格的竹炭纤维。

那么，竹炭纤维有什么优异性能呢?

◆ 超强的吸附力：竹炭吸附能力是木炭的 5 倍以上，对甲醛、苯、甲苯、氨等有害物质和粉尘能发挥吸收、分解异味和除臭的作用。

◆ 发射远红外线，蓄热保暖：远红外线发射率高达 0.87，能蓄热保暖，温升速度比普通棉织物快。

◆ 调湿，达到除湿与干燥的功效：高平衡回潮率和保水率，赋予了竹炭纤维调湿的本领。

◆ 负离子发射浓度高：竹炭纤维发射负离子的浓度相当于郊外田野的负离子浓度，因此有益于身体健康。

◆ 保健功能：竹炭纤维含有钾、钙等有益于身体健康的矿物质微量元素。

近些年来，国内外时装界不断掀起纤维革命，功能性保健纺织品成为市场主流。竹炭纤维获得了“黑钻石”的美称，它不仅具有自然和环保的特性，更有远红外线、负离子、蓄热保暖等多种功能，非常适宜织制贴身穿着服装。竹炭纤维的功能具有永久性，不受洗涤次数的影响。

现竹炭纤维面料主要应用于内衣产品、衬衫、T 恤、袜子、毛巾、床上用品及运动休闲装等，以充分发挥竹炭纤维天然、环保、多功能的优异特性。

第二节　针织面料

针织服装（见图 4—26），因其良好的弹性、保暖性和服用舒适性，越来越受到人们的喜爱。针织服装包罗万象，几乎涵盖了服装的所有门类。针织面料的种类丰富多彩，根据其加工方式的不同可以分为纬编针织面料与经编针织面料两类。

图 4—26　针织服装

纬编针织面料常以低弹涤纶丝或异型涤纶丝、锦纶丝、棉纱、毛纱等为原料，在各种纬编机上编织而成。纬编针织面料品种较多，一般具有良好的弹性和延伸性，织物柔软，坚牢耐皱，毛形较强，且易洗快干；主要缺点是吸湿性差，织物不够挺括，且易脱散、卷边，化纤面料易起毛、起球、钩丝。

经编针织面料常以涤纶、锦纶、维纶、丙纶等合成纤维长丝为原料，也有用棉、毛、丝、麻、化纤及其混纺纱做原料织制的。它具有纵向尺寸稳定性好、织物挺括、脱散性小、不会卷边、透气性好等优点，但其横向延伸、弹性和柔软性不如纬编针织面料。

随着针织工业技术的发展和社会对针织产品性能要求的提高，越来越多的新型纤维、新颖工艺不断运用于针织生产，改进和克服了针织品原有的一些缺陷，使产品具有了更广阔的使用天地。针织服装正向着时装化、多样化、功能化方向不断发展。为了便于分析，依据针织面料的厚重程度及外观风格，将针织面料分为轻薄型、中厚型和起绒类三大类。

一、轻薄型针织面料

轻薄型针织面料质地轻薄，悬垂感好，穿着舒爽透气，主要用于制作内衣、夏季服饰及家居装饰等。轻薄型针织面料主要有汗布、罗纹布、珠地纹布、网眼布以及蕾丝面料等，如图 4—27 所示。

图 4—27　轻薄型针织面料

1. 汗布

针织平针面料俗称“汗布”，其质地轻薄，延伸性、弹性以及透气、透湿性都很好，穿着凉爽舒适，主要用于制作夏季 T 恤、内衣、家居服及家居装饰等。

汗布的原料主要有短纤纱和长丝，如棉纱、腈纶纱、棉 / 腈、棉 / 涤、麻 / 棉混纺纱、蚕丝、锦纶丝、涤纶丝等。不同原料汗布的特性与用途见表 4—5。

表 4—5　不同原料汗布的特性与用途

品种	面料特性	主要用途
纯棉汗布	具有良好的吸湿性及透气性，穿着柔软舒适	内衣、睡衣裙、便服、汗衫等
蚕丝汗布	易吸汗、透气，穿着爽滑，光泽好但易泛黄变色，不耐晒	内衣、睡衣裙、便服、汗衫等
棉与化纤混纺汗布	线圈清晰、质地细洁、吸湿性和透气性好，但易起毛起球，影响美观	时装便衫、T 恤、汗衫等
纯化纤汗布	表面光洁、弹性好、色泽鲜艳，但吸湿性差、不易吸汗、穿着闷热	弹力运动装如游泳装等

2. 罗纹布

罗纹布属于罗纹组织，有普通罗纹布和双罗纹布之分。罗纹布弹性优良，穿着舒适，常用于制作弹力背心、弹力衣裙及服装的领口、袖口、脚口等。双罗纹布又叫“棉毛布”，其质地比普通罗纹布更厚实，弹性好，保暖性强，主要用于制作棉毛衫裤、运动衣裤等。罗纹布的原料主要有纯棉、涤/棉、粘/棉混纺以及锦纶、涤纶或弹力包芯纱等，不同原料罗纹布的特性与用途见表4—6。

表4—6 不同原料罗纹布的特性与用途

品种	面料特性	主要用途
纯棉罗纹布	质地厚实，保暖性强，弹性和横向伸缩性大	春秋衣衫、运动衫裤、家居便服等
混纺罗纹布	质地细洁平整，吸湿性较好，经久耐穿；缺点是易起毛，易沾污	运动衫裤、T恤等
纯化纤罗纹布	色泽鲜艳，质地柔软，保暖性好；缺点是易起毛，易产生静电	休闲外套、T恤等

3. 珠地纹布

珠地纹布主要为纬编织物，布表面呈疏孔状，有如蜂巢，比针织汗布更透气、透湿、干爽，耐洗不变形，不起球，一般用于制作T恤、轻薄型运动服等。很多大品牌的POLO衫都采用珠地纹布制作。

4. 网眼布

网眼布有纬编网眼布与经编网眼布两大类。纬编网眼布采用集圈组织编织，布面有各种网孔花纹，线圈间空隙明显，外形美观，穿着凉爽透气，常用于织制网眼针织衫等。经编网眼布采用变化经平组织织制，在织物表面形成方形、圆形、菱形、六角形、柱条形、波纹形的孔眼。经编网眼布使用范围非常广泛，可以用于制作网眼汗衫、网眼里布、文胸、婚纱衬裙、头花、窗帘等。

5. 蕾丝面料

蕾丝面料属于针织提花面料，织造方式有经编与纬编。大部分蕾丝属于经编提花。蕾丝面料的材料选择广泛，可以是锦纶、涤纶、棉、人造棉、丝、麻、毛以及一些特别的材料如金属丝等。织物经染色、整理加工后，花纹清晰，有立体感，花型多变，悬垂性好，若隐若现的风格赋予了面料性感、飘逸、动感、妩媚、活泼的色彩。因此，蕾丝面料被广泛用于制作妇女的内外衣、童装、礼服以及家居装饰等。

二、中厚型针织面料

中厚型针织面料质地厚实紧密，具有较强的毛感，挺括抗皱，裁剪后不易散边；所用原料主要有棉、毛、丝、麻、化纤及其混纺纱，或涤纶、锦纶、丙纶等合成纤维长丝；主要用于制作夹克、运动服、大衣、风衣、时装及家居装饰等。中厚型针织面料常见的品种有涤盖棉、复合针织面料、针织提花织物、针织圈圈呢等，如图 4—28 所示。

涤盖棉　复合针织面料（轧花）　空气棉面料

针织提花呢　针织圈圈呢　针织人字呢

图 4—28　中厚型针织面料

1. 涤盖棉

涤盖棉针织面料是一种双层涤棉交织物，它采用涤纶纱织制织物正面，棉纱织制织物反面，通过集圈将正反面加以联结。这种面料表面是涤纶成分，挺括抗皱、坚固耐磨；里层是棉，吸湿透气、柔软舒适。涤盖棉面料质地厚实，弹性好、悬垂性好、不易起皱，可用于制作衬衣、夹克、运动服等。

2. 复合针织面料

通过复合工艺，将两层或多层不同原料、不同结构的材料复合在一起，形成一种新的材料。通过复合可以综合不同材质的优点，取长补短，而且通过不同的复合工艺，可以获得极其丰富的视觉效果。复合面料是目前非常流行的外套面料。复合针织面料主要有空气棉面料、软壳风衣面料等。

3. 针织毛呢

针织毛呢外观与梭织毛呢绒织物相似，但比梭织毛呢绒织物更有弹性，不易起皱，手感柔软、蓬松，保暖性、悬垂性好。其原料主要有羊毛、羊绒、毛混纺及涤纶、腈纶等化纤仿毛纱线。针织毛呢花色品种非常丰富，主要有针织提花呢、针织圈圈呢、针织人字呢、针织羊绒等，常用于制作春、秋、冬季大衣及各式时装。

三、起绒类针织面料

起绒类针织织物表面有丰厚的绒毛或毛圈，布身紧密厚实，保暖性好，常做保暖服、夹克、大衣、秋冬睡袍、家居装饰等用料。起绒类针织面料的常用品种有仿麂皮绒、摇粒绒、针织天鹅绒、毛圈布、人造毛皮等，如图 4—29 所示。

仿麂皮绒

复合针织麂皮绒

摇粒绒

针织天鹅绒

毛圈布（单面）

人造毛皮

图 4—29　起绒类针织面料

1. 仿麂皮绒

仿麂皮绒是指布面有密集柔软的短绒毛，外观类似于麂皮的针织物。它一般采用涤纶长丝为地组织原料，细或超细涤纶丝为绒面原料制得，织造方式可经编也可纬编。仿麂皮绒具有组织结构紧密、绒毛细密、柔软有弹性、尺寸稳定性好、悬垂性佳、易洗快干、不易脱毛等特点，还可通过复合技术与其他面料进行复合，得到双面不同外观效果的新型面料。仿麂皮绒有素色、印花等产品，适合制作外套、运动衫、春秋季大衣及鞋面、手套、沙发套等。

2. 摇粒绒

摇粒绒是涤纶、腈纶等原料织制的针织坯布经染色、拉毛、梳毛、剪毛、摇粒等工艺处理后得到的面料。织物表面摇粒蓬松密集而又不易掉毛、起球，织物反面绒毛较稀疏、短小，手感柔软有弹性。经抗静电处理的摇粒绒面料，不起静电，不刺激皮肤，既保暖又不影响排汗，是很好的防寒用品。摇粒绒还可与其他面料进行复合处理，使御寒的效果更好，如摇粒绒与摇粒绒复合、摇粒绒与牛仔布复合、摇粒绒与羊羔绒复合等。摇粒绒花色品种多、价格也较低廉，常用于制作休闲夹克、风衣、童装、围巾等，也可作为服装的里布，以增强保暖性。

3. 针织天鹅绒

针织天鹅绒是长毛绒针织物的一种。它是在长毛绒针织机上采用毛圈组织织制，地纱形成地组织，绒纱形成毛圈，经割圈而形成织物表面的绒毛，再经剪、烫毛等后整理工艺而成的面料。针织天鹅绒主要以棉纱、涤纶长丝、锦纶长丝、涤棉混纺纱等为原料，织物表面绒毛浓密耸立，色光柔和，手感柔软，质地厚实、耐磨，主要用于制作女装及家居装饰等。

4. 毛圈布

毛圈布采用毛圈组织织制，可分为单面毛圈与双面毛圈。布面毛圈结构稳定，手感柔软有弹性，质地较厚实，保暖性较强，穿着舒适，吸湿性、保暖性良好，主要用作春秋卫衣、睡袍、运动服、童装等面料。毛圈布的毛圈部分经过拉毛处理，可加工为绒布，绒布具有更加轻盈柔软的手感和更加优越的保暖性能。

5. 人造毛皮

人造毛皮针织物常以棉纱、粘胶纱或丙纶纱做底布用纱，以腈纶或变性腈纶做绒毛，编织时将纤维束与地纱一起成圈，并使纤维两端露在织物的表面，在编织后于织物反面涂布粘合剂，使织物定型，以免掉毛，然后经梳毛、印花、剪毛等一系列后整理加工，得到具有多种外观效应的人造毛皮。这种织物手感厚实、柔软、保暖性好。人造毛皮主要用于制作大衣面料、服装衬里、衣领、帽子等。

自测园地

- **知识回顾**

1. 什么叫纬编织物？什么叫经编织物？它们各有什么特点？

2. 你喜欢穿针织服装吗？如果喜欢，请说明原因。你能识别出你的针织服装面料属于哪一类吗？

3. 针织面料有什么特性？用你熟悉的用品举例说明。

- **拓展训练**

1. 到市场上调查一个自己喜欢的服装品牌，看看它们当季的新款针织服装有什么特色？有几个品种？你能识别出这些面料的成分与类别吗？如果自己不能识别的话，就请想办法查出来吧。

2. 请同学们到服装面料市场上收集至少 5 种不同风格的针织面料小样，要求包括纬编针织和经编针织两大类，并简要阐述它们的特性。

知识拓展

21 世纪绿色纤维——天丝

天丝学名是 Lyocell（莱赛尔）纤维，2004 年 5 月由奥地利兰精公司注册商标名为“Tencel”，在我国注册中文名为“天丝”。

天丝纤维是以针叶树为主的木质浆粕为原料进行再生的新纤维素纤维。它与粘胶纤维性能较接近，但粘胶纤维的制造工艺严重污染环境，而天丝生产工艺无毒、无污染，且可在较短的时间内完全生物降解，不会破坏自然环境，故被称为“21 世纪绿色纤维”，并获得国际绿色环保证书。

天丝纤维具有纤维素纤维的所有天然性能，包括吸湿性好、穿着舒适、光泽好、极好的染色性能，克服了普通粘胶纤维强力低尤其是湿强低的缺陷，它的强力几乎与涤纶相近。

总之，天丝纤维性能优异，其物理机械性能远远超过普通粘胶纤维，可与棉及合成纤维媲美，而且是一种性能优良的可生物降解的环保型化学纤维，完全符合现代

“绿色环保概念”的消费需求。天丝纤维的用途十分广泛，可加工成机织物、针织物和非织造布。天丝机织物不仅有纯纺织物，还可与棉、麻、丝交织，主要用于制作牛仔裤、衬衫、夹克、套装、衣裙、被单等；天丝针织物主要用于制作内衣、套衫、运动衫等；天丝非织造布主要用于制作特种纸张、过滤纸、帘子线、涂层基布、医用药签、医用材料基布、用即弃织物等。

TENCEL®

第五章

服装面料选配

服装面料的选配是服装设计中非常重要的环节，它直接影响到服装最终的表现效果，也影响着服装的机能。质地、结构、性能、风格不同的面料，其适用性也不一样，服装设计师必须综合考虑服装的设计风格、视觉表现、人体工程、服用性能、流行趋势、工艺条件、档次等多方面因素，合理巧妙地选配服装面料，充分发挥面料的性能和特色，使服装面料与服装造型、风格、用途完美结合，相得益彰。

学习目标

- 了解不同种类服装对面料材质的要求。
- 了解服装制作工艺对面料选配的要求。
- 了解影响面料选配的主要因素，掌握面料组合运用的基础知识。
- 掌握不同类别服装面料选配的关键点。

第一节 服装面料选配基本要求

一、服装用途与面料特性

服装的用途、风格不同，对面料的要求就有差异。通常服装材料的选用要从外观、舒适性、保养性、耐用性、价格等方面综合考虑，目的不同，选择的侧重点就不一样。例如，礼服对美观性要求更高，而休闲服的舒适性则更重要。服装对面料材质的要求见表5—1。

表5—1 服装对面料材质的要求

分类	用途	对材料的基本要求
日常生活用装	工作场合	耐用、舒适、简练，符合职业角色的形象
	休闲生活	环保舒适、吸湿透气性好，便于活动
	户外运动	透气舒适，满足相应运动的功能需求，易洗耐穿，适合不同形体需要
社交礼仪用装	社交、拜访、礼仪	注重美观，对色彩、图案、潮流时尚等方面要求较高，并要求符合场合身份以及当地风俗习惯和社会文化
特殊作业用装	特殊防护、特殊环境	具备相应功能的特种材料，比如耐高温、高压，耐腐蚀，具有超高强度，抗氧化、抗细菌、抗紫外线，防水、防寒等特性
戏剧舞台用装	表演	符合剧情和角色的需要

二、服装款式造型与面料质感

面料与服装造型和谐、有美感在服装设计中至关重要。面料不仅是服装造型的物质基础，同时也是造型的艺术表现形式。由于服装面料种类繁多，效果各异，不同的面料质感和肌理需与各自不同的造型相结合，使之互相交融、互相渗透，这样才能达到设计与面料内在的协调和统一，如图 5—1 所示。

图 5—1　服装款式造型与面料质感

1. 柔软型面料

柔软型面料质地松软，悬垂性好，造型线条流畅贴体，服装轮廓自然舒展，如丝绸面料、结构疏散的针织面料以及软薄的麻纱面料等。在服装设计中，这类面料常采用简洁流畅的直线型造型，使衣、裙、裤自然贴身下垂，与人体曲线的自然美相互映衬；还可通过层叠、褶裥、刺绣等表现手法，改变面料肌理，丰富服装视觉效果。

2. 挺爽型面料

挺爽型面料线条清晰有体量感，布面平整、光洁，质地紧密有身骨，能形成轮廓鲜明、合体挺括的服装造型，如贡缎、牛仔布、亚麻布、提花织物及轻薄型精纺呢绒类面料等。这类面料可用于造型简洁、干练的西服、制服、商务休闲服、时装套装的设计，或具有一定体感的服装设计中。

3. 光泽型面料

光泽型面料表面光滑并能反射出亮光，随着人体的走动会产生光泽的变换与流动，产生一种华丽耀眼的强烈视觉效果，如各类缎面织物、有光纤维织制的织物，以及表面有闪光涂层、亮片装饰、金银刺绣等装饰的织物。这类面料常用在礼服、舞台表演服的设计中，服装造型的自由度广，可简洁流畅也可夸张繁复。

4. 厚重型面料

厚重型面料质地厚实挺括，手感丰满温暖，能构成较稳定的造型效果，如各类厚型呢绒、绗缝织物等。由于这类面料具有形体扩张感，因此不宜过多采用褶裥和堆积，设计中宜采用 A 型和 H 型造型。

5. 透明型面料

透明型面料质地轻薄而通透，具有优雅、神秘、性感或可爱、轻盈的视觉效果，如乔其纱、欧根纱、蕾丝等。为了表现出这类面料的通透感，常用线条自然的 H 型或体感丰满的圆台型设计。

设计师除了要准确把握面料性能，充分发挥面料的特性外，还应该根据流行趋势的变化，不断尝试新材料，以及创造性地进行面料二次设计，使服装更具吸引力，如图 5—2 所示。

图 5—2 面料再造以及多材料混搭设计

三、服装制作工艺与面料选配

1. 用料

选购面料之前要先算好用料，用料的多少主要取决于服装款式、规格尺寸、面料幅宽、面料利用率等因素。一般情况下，服装款式越复杂，分割线越多，尺寸越大，用料就越多。

算料的时候还要考虑到面料的缩水率。天然纤维的缩水率比较大，毛料最大，其次是丝、麻，然后是棉。化纤中粘胶纤维的缩水率也很大，接近丝绸，而合成纤维则几乎不缩水。面料的缩水率与面料是机织还是针织、是色织还是生织、是混纺还是纯纺、组织结构是紧密还是疏松以及是否经过防缩整理等都有关系，在算料之前要对面料进行认真的鉴别和分析。

2. 排料

排料是把裁片合理地排列在面料上，尽量提高面料的利用率。排料首先要确认面料的正反面和经纬向，然后按照先大后小、先主后次、平对平、凹对凹、见缝插针、见空补白的原则进行排料。一般情况下，没有倒顺的面料或不需要对条对格的面料更利于套排，也更节约面料。

3. 裁剪

面料的结构、性能在一定程度上会影响裁剪质量的好坏。以桑蚕丝、人造丝、涤纶等为原料的绸缎类面料质地比较光滑，容易移动，裁剪时上下层面料易产生滑移错位，因此铺料层数不宜太多，裁剪时下刀要快、准；结构疏松易变形易脱散的面料，裁剪时用力要轻，避免拉、抻，裁片或半成品悬挂的时间也不要过长，不然会变形。

使用电剪裁剪涤纶等合成纤维的面料时特别要注意电剪的温度，这类面料熔点较低，衣料会出现熔融，熔融物还会粘连到布料和剪刀上。弹力面料在裁剪前应平摊，使其呈自然松弛的状态，不要用力延伸，否则裁片会变形。

4. 缝纫

缝纫中面料过薄、过滑、过厚都易造成送布牙送布不均匀。对于丝绸中的软缎、绡、纱等较轻、软、滑的面料，可以使用上、下双送布牙同时送布，或者在上层衬垫薄纸，用双手协助平整送布，缝线张力不宜过大，针脚不宜过密，缝速不宜过快；有的还采用挂浆的方法进行裁剪缝制，最后再把浆洗去。牛仔、粗纺呢绒等厚重面料缝制时易产生跳针，需要加大压脚压力，提高送布牙的位置。

5. 熨烫

熨烫是服装加工中必不可少的工艺，熨烫时特别要注意不要超过面料所能承受的温度、时间和压力。天然纤维的熨烫温度比化学纤维要高。一般毛料和丝绸要垫湿布熨烫，因为它们在湿热的情况下定型性比较好，同时还可以保护面料。起皱和起绒起毛的面料最好使用蒸汽熨斗，不要用太大的力，否则皱效果会被破坏，竖起的绒毛容易倒伏。轻薄的织物熨烫时间要短，且要不断移动，不要停留在同一个地方太久，不然易烫伤面料。

6. 装饰工艺

随着服装审美的多元化发展，各类装饰工艺在服装设计中的运用越来越广泛，如刺绣、钉珠片、盘花、装饰线迹、雕花、抽纱、绗缝、抽褶与褶裥、蕾丝花边、拼接与镶色、手工印染等（见图 5—3），从而使服装更具个性。在服装设计中，设计师必须根据面料质地、设计风格、用途等因素，选择恰当的装饰工艺。如丝绸面料上比较适合刺绣、钉亮片和钉珠等工艺，它们互相衬托、交相辉映；棉麻质地的面料比较适合贴布绣，或是镂空、挖纱、镶嵌、扎染、手绘图案等，层次丰富，突出个性；滑雪衫、羽绒服等使用的化纤面料可用缉线、缉花等装饰工艺，既美观又可以固定里面的填充物；皮革面料不易脱散，可以使用镂空、压花等装饰工艺；毛料可用滚边、包边等工艺进行装饰，简洁庄重、大方得体。

丝带绣　珠片绣　绗缝工艺　饰钉装饰　扎染工艺

图 5—3　丰富多彩的服装装饰工艺

自测园地

1. 分小组进行市场调研，每组选择一个主题，例如春夏装或秋冬装、男装或女装、成衣或童装、裙装或外套、职业装或运动装等，然后去商场或专卖店针对所选择的主题看一看不同品牌的此类服装所用的材料是什么，并按下表模式做好记录，一个主题至少 10 个品牌。

时间	地点	品牌	类型	面料	风格	价格	消费对象
2017 年秋冬季	广州	美邦	时尚休闲裤	95% 棉 5% 氨纶	柔软有弹性，洗水	168 元	年轻时尚一族

2. 写一份图文并茂的“× × 地区 × × 季 × × 服装面料流行趋势调查报告”。

知识拓展

永远的经典——香奈儿 Chanel

“香奈儿”是美丽而非凡的法国女子加布瑞拉·香奈儿创立并以她的名字命名的品牌，它的标识是她的爱称“COCO”的两个字母“C”的组合。有人说：拥有“香奈儿”，一直是这个世纪女人的美丽梦想。有人说：在百花齐放的今天，还有哪个品牌能得到一家三代——祖母、母亲、孙女的同时钟爱，那首先是“香奈儿”。“香奈儿”对整个世纪来说是经典，是永远的时尚和个性，更是一个浪漫传奇。

在设计风格上，香奈儿提出“最简单的设计才是真正的优雅”。她敢于挑战传统，第一个把当时男士用来做内衣的毛针织物用在女装上，设计的黑色小洋装打破了当年黑色服装只能当丧服的规定，她彻底改变了当时妇女的着装观念。香奈儿倡导的“简单”概念，颠覆了当时的流行，凭借着非凡的创造力和永不妥协的精神，创造了一个属于她自己的时代！

“香奈儿”女式经典花呢套装、平绒夹克、长及小腿的裤装、喇叭裤、休闲套装、小黑裙等，一直风靡至今。双C标志、菱形格纹、山茶花图案以及经典黑白配色，成为该品牌永恒的标志。每个女人在“香奈儿”的世界里总能找到适合自己的东西，在欧美上流女性社会中甚至流传着一句话“当你找不到合适的服装时，就穿香奈儿套装”。

第二节 服装面料选配方法

一、合理选配面料需要考虑的因素

1. 服装设计风格的需求

根据服装的用途、穿着的场合、穿着的季节、着装者的年龄等，选择最能满足要求的面料。比如晚装通常出现的场合是宴会、晚会、派对等地方，面料着重在外观美感，所以追求的是光泽、颜色、时尚、个性、档次等；但如果是工作服或运动装，则功能排第一位，首先考虑的是面料是否满足工作或运动的需求，对面料的功能性要求比较高；再比如泳装材料重点考虑的是阻力小，弹性适体，美观还在其次。从季节性来讲，夏季服装首先应具有良好的吸湿透气性和凉爽性，然后再考虑适合夏季的款式和色彩图案。对于童装，由于小孩子的皮肤比较敏感，所以主要强调舒适性和健康性，比如棉、人造棉等无刺激性的面料都是较好的选择。

2. 服装面料与服装整体的协调性

选择面料对于很多初学者来说不是件轻松的事，常常出现设计稿图与服装实物的效果完全两样的情况，其中很可能的原因就是服装材料选择不当。在选择面料时，需要综合考虑面料的质地、结构、色彩、图案、加工性能、服用性能等因素与所设计的服装在款式造型、风格特征、使用场合、功能需求等方面是否能协调统一。没有绝对好看或难看的面料，有时一块不起眼的布料如果运用合理、搭配巧妙，同样能引人注目。

3. 服装面料与辅料的匹配

服装辅料运用得当，就能对服装起到画龙点睛的作用。辅料中衬、垫、里、絮、链、环、带、纽扣、蕾丝（花边）等，在颜色、质感、性能等方面都要讲究与面料的匹配，一件款式和面料都很出色的服装，可能会因为一粒小小纽扣的搭配不当而前功尽弃。

4. 着装者的身份

服饰是一种强烈的、可视的交流语言，它能够传达出穿着者的喜好、身份、地位、审美等信息。因此，选配服装面料时，还需要认真分析目标消费者的特性。比如国家领导人代表着国家的形象，企业家的着装反映的是他们的修养与气度，明星的着装传达的是他们的个性及其在公众心目中的定位。因此，这类人群其服装面料的选配，从材质、色泽、图案、文化内涵等方面都必须非常考究。而学生的校服首先必须符合学生的身份及满足其日常使用，应具有朴素大方、舒适简洁、经济实用且方便活动、易洗快干等特点，所以常选用价格相对便宜且易打理的面料。

5. 穿着的场合

服装同时也是环境的艺术，能与穿着的环境融合达到一种完美的和谐是对服装更高的要求。如在办公室穿着的服装，宜选择美观大方、穿着舒适又防皱的面料，所以夏季可选用经过防皱整理的棉、麻、丝绸；秋冬季选用纯毛、毛涤混纺、化纤仿毛比较适合。在室外穿着的服装，应注意考虑面料的耐磨性、防晒性、防钩挂等性能，因此质地紧密、舒适透气、强度好、耐磨性好的面料是首选，如平布、卡其布、牛仔布等。

6. 流行因素

越来越多的人特别是年轻一代都把服装看作是流行的风向标，是时尚的代名词，“时装”也由此而来。时装除了满足服装的基本要求之外，更要满足现代人对时髦的追求心理。对于这方面的需求者，在服装材料的选择上就要特别注意面料的流行色彩、图案以及流行风格等。当时装界流行超现实主义时，金属涂层面料大行其道；当时装界流行怀旧风时，水洗、砂洗、石磨的面料很受欢迎；当宫廷豪华风盛行时，光泽闪亮、花纹华丽、装饰品复杂的服装则备受青睐。考虑面料的流行因素是很重要的环节，因为它引导设计最终获得成功。

7. 价格因素

服装作为商品考虑价格因素是必然的，但不要一味追求昂贵或是便宜，要综合考虑性价比，在保证性能的同时尽量降低购买成本。一般来说，天然面料如丝绸和毛料价格比较贵，一些经过特殊整理的有特别功能和外观的面料成本也比较高，面料的价格还与生产工艺、质量、品牌、流行性等其他因素有关。选择面料之前要充分进行市场调查，力求用最合理的价格做出最好的服装。

二、服装面料的组合运用

一套服装可以使用相同的面料，但更多时候为突出设计思想，设计师常常将不同质感、不同类型、不同风格的面料进行组合，这时就要考虑面料之间的搭配问题。

1. 同类面料的组合运用

相同面料进行组合是一种简单实用的方法，比如套装或者连衣裙，上下都采用同一种面料，不用考虑面料之间的冲突，不会产生搭配不当的问题。但所有的服装都使用这种方法的话，就未免太单调了。可以通过改变面料色彩组合、改变面料肌理、对面料进行分割重构、不对称设计、车缝异色线条等方式，突破面料的单调感，增强设计感，使服装作品更加生动化、形象化、力量化，如图 5—4 所示。

点缀异色　　改变面料肌理　　改变线条方向　　面料分割重构　　车缝装饰线

图 5—4　同类面料的组合运用

2. 对比面料的组合运用

时装设计需要表现出个性和创造力，一次不可思议的大胆尝试可能就会产生意想不到的效果，所以越来越多的时装设计师喜欢挑战难度，用对比感很强的面料进行碰撞，产生强烈的视觉刺激感和新鲜感，引起消费者的注意。同学们平时也要注意培养创新意识，不墨守成规，要推陈出新。

下面介绍几种常用的面料对比组合运用手法（见图 5—5）：

（1）光滑与蓬松的组合　两种不同质感的面料进行组合运用，可以起到相互强调、相

光滑与蓬松　拼接撞色　硬朗与柔软　轻盈与厚重　紧身与宽大　透明与不透明

图 5—5　对比面料的组合运用

互映衬的作用。

（2）拼接撞色　“撞色”是指对比色搭配，主要包括强烈色配合与补色配合。撞色搭配是所有色彩搭配中最具视觉冲击力，但也最容易出错、最不容易搭配的一种形式，关键是掌握好对比色彩相互间的比例关系与重心位置，才能“撞”出美感。

（3）硬朗与柔软的组合　柔软的感觉让人舒适放松，温婉如一汪春水，恬静而自然；风格硬朗的面料如皮革等，线条分明，给人以力量感，表现出阳刚之美。刚柔相济可表现出着装者性格的多面性，也更与现代社会生活相适应。

（4）轻盈与厚重的组合　轻薄的面料活泼轻盈，飘逸有动感；而厚重的面料个性稳重大方。它们互相包容，又互相理解，将含蓄中带着渴望的情感诠释得淋漓尽致。

（5）紧身与宽大的组合　具有高弹力的面料紧贴身体，让人收敛，同时又辅以毫无束缚的宽大外轮廓造型，给人一种释放，在收放之间使情绪得到平衡。

（6）透明与不透明的组合　透明总与性感相联系，让人感觉风情万种，突出女性的魅力，晚装总少不了它的一席之地；不透明作为传统的元素与它相配，恰如其分地赋予它理性，将感性和理性完美地结合在一起。

自测园地

老师给每个小组发至少 10 种面料小样，大家一起分析讨论下列款式的风格特征，从老师提供的面料小样中选配合适的面料（可有多种选择），然后分小组到讲台上阐述你们的理由。

款式效果图	服装风格分析	适合的面料小样（可选择多种）	选择的理由

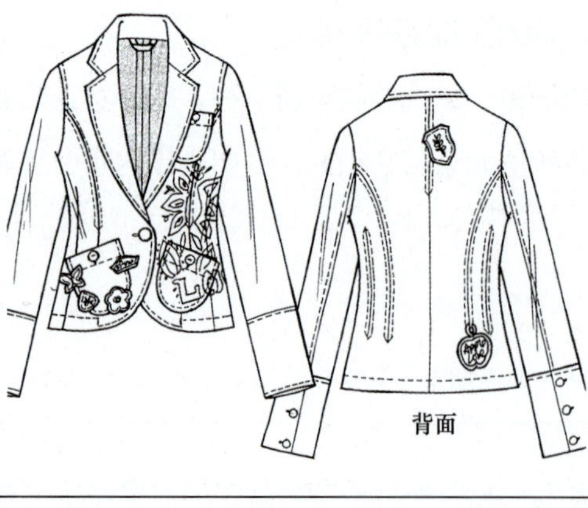			

知识拓展

无可救药的浪漫主义大师——约翰·加利亚诺

约翰·加利亚诺是时装界最动人的浪漫传奇，从他设计的服装、他色彩丰富的背景到奇迹般地获得名望，这一切都像是最美妙的童话。

约翰·加利亚诺 1960 年出生于直布罗陀，父亲是英国和意大利的后裔，母亲为西班牙人。内敛严谨与豪放热情结合的血统，或许正是造就约翰·加利亚诺惊艳四座的才思的本源。在他的作品中，人们看到的是不同文化元素与历史碰撞产生的火花：伊丽莎白时代的高贵质感、西部牛仔的狂放情结、拳坛高手的硬汉形象以及摇滚歌手和皮条客身上的痞子精神，同时还有一股浓郁的拉丁风味。他以超凡的敏锐，将古典素材融进当今的技术和材料之中，并运用复杂的裁剪技术，创造出不俗的视觉效果，具有强烈的冲击力、震撼力和感染力。

约翰·加利亚诺于 1984 年从被誉为“顶尖设计师摇篮”的伦敦中央圣马丁学院毕业，其毕业设计作品为他赢得了时尚界的第一声喝彩；1985 年约翰·加利亚诺打出了个人冠名的牌子；1988 年他被评选为英国最佳设计师；1995 年他接手 Givenchy 的设计师位置；1997 年他又接掌 Christian Dior 首席设计师，并成功地实现了将 Dior 品牌年轻化的目标。对于约翰·加利亚诺这样的鬼才，只要给他一个支点，他就能颠覆所有庸俗和陈规，而“无可救药的浪漫主义大师”之名也从此成为约翰·加利亚诺的专属称谓。

2011 年 3 月，约翰·加利亚诺因反犹太言论而被迪奥公司解聘，从此在大众的视线中消失。2014 年约翰·加利亚诺出任梅森·马吉拉（Maison Margiela）[原梅森·马丁·马吉拉（Maison Martin Margiela）]品牌创意总监，执掌高定，重新回归时尚界。

Maison Margiela 2017春夏

第三节　不同类别服装面料选配

面料的选配是服装设计的关键环节，面料选配得当，服装的风格、意韵、情感才能得到淋漓尽致的表达。面料的选配主要从功能、用途、季节、设计风格、加工工艺、服装结构、经济、使用与护理等方面综合考虑。

一、外套

1. 正装

正装一般指的是西装、套装或本民族的传统服装，如图 5—6 所示。正装要求造型端庄，匀称大方，线条简洁，轮廓分明，选配面料时对面料的质地要求较高，常用细密、硬挺、有身骨的面料。

图 5—6　不同风格正装

男士西装以毛料或毛涤混纺面料为主。春秋季选用单面华达呢、哔叽、牙签呢等；夏季选择轻薄柔软的精纺毛料，如凡立丁、派力司、薄花呢、丝毛混纺面料等；冬季要求面料厚实丰满，选择双面华达呢、贡呢、法兰绒、海力蒙等。

女式西装或套装在面料的选择上相对比较多样化、风格化和个性化。除了上述面料之外，还可选择一些色彩比较鲜艳丰富的精纺花呢、条格法兰绒、珍珠呢、钢花呢等。

相对更适合年轻人群的西服便装，可采用一些比较有个性的面料，如丝绒、灯芯绒、重绉、粗花呢、皮革等，女装还可采用羊绒、马海毛花呢、兔毛、桃皮绒、洗水丝、砂洗绸等，更显多样化和个性化。

这类服装搭配简单的装饰品即可，常见的装饰品有领带、领结、胸针、扣针、丝巾等。

2. 大衣

大衣的种类较多，按长短可分为长大衣、中长大衣和短大衣。大衣面料选择范围较广泛（见图 5—7），重点要求保暖挡风，抗皱性、回弹性好。一般用来制作西装和套装的面料大都可以用来制作大衣。不过大衣不需要那么正式，所用的面料也可以多些变化，裘皮中的貂皮、狐皮等是大衣中的高端品，立绒呢、雪花呢、银枪呢、拷花呢、马裤呢是常用的大衣呢，羊皮、牛皮等皮革也是人们所喜爱的大衣面料；也可以用些经济便宜的面料，如毛涤牙签呢、涤纶仿毛的华达呢、粗花呢等，穿着随意，物美价廉，适合大众消费。

大衣可搭配的饰物比较多，除了在正装中提到的装饰品，还可选用皮带、腰带、项链等。

图 5—7 大衣面料的选用

3. 夹克

夹克的下摆一般在髋部以上，它轻便休闲，搭配随意，适用对象、穿着场合广泛。夹克面料的选配重点考虑用途、穿着对象、场合等因素，如图 5—8 所示。如日常生活用夹克一般选用皮革、纯棉的牛仔布、灯芯绒、卡其布，以及粗纺的毛料如麦尔登呢、海军呢，春秋季节可以选用一些较轻薄的面料如真丝的绢丝纺、砂洗重绉等，当然也可以选用一些较便宜的混纺织物、涤纶面料及人造革等。运动型夹克常使用方便运动的针织面料以及具有保暖、吸湿、透气、防水防风、高强耐磨等功能的功能性面料。儿童穿着的夹克，面料以耐磨、环保、舒适的纯棉面料、针织面料为主；年轻人穿着的夹克，面料风格以时尚、个性为主；中老年人穿着的夹克，面料以舒适、稳重、大气为主。

图 5—8　夹克面料的选用

二、衬衫

衬衫是使用非常广泛的服装品类，单穿内搭均可。衬衫属于贴体穿用的服装，在选择面料时，重点从服用舒适性、风格、穿着场合、穿着对象、档次等几个方面考虑，一般常选用轻薄型的棉型织物、麻型织物、丝绸织物及毛型织物，如图 5—9 所示。

图 5—9　衬衫面料的选用

1. 棉型面料

纯棉面料是制作衬衫的首选面料，其穿着舒适柔软、吸湿透气、洗护方便，但光泽不好、抗皱性较差、易起皱变形、洗涤后需熨烫。为提高棉织物的抗皱性，可将棉与其他纤维混纺，如与涤纶、锦纶、氨纶等纤维混纺，综合各自的优点，使服装穿着既挺括抗皱，又吸湿透气；还可以通过免烫防皱后整理工艺来提高纯棉面料的抗皱性能。衬衫常用的棉型面料品种有细平布、牛津纺、高支棉府绸、牛仔布、涤棉布、泡泡纱、弹力棉面料等。

2. 麻型面料

麻的种类很多，用于衬衫面料的多为亚麻。麻织物的性能与棉织物相似，在强度、导热性、刚性等方面比棉织物高，但其抗皱性比棉织物更差，极易折皱变形，洗后需熨烫，故也可通过混纺或免烫抗皱整理工艺来提高其抗皱性能。衬衫常用的麻型面料品种有亚麻平布、棉麻混纺面料、丝麻混纺面料等。

3. 丝绸面料

丝绸面料分为真丝绸与化纤丝绸两大类。真丝绸是指用桑蚕丝织制的织物。真丝衬衫光泽柔和，高雅大方，穿着吸湿透气、轻薄飘逸、垂坠效果好，但抗皱性能较差，且不耐碱，不耐晒，宜用中性或弱酸性洗涤剂，洗后易阴干，需熨烫。衬衫常用的真丝绸品种有乔其纱、双绉、香云纱、素软缎、素绉缎、提花缎、烂花绒、烂花绡等。化纤丝绸面料色彩鲜艳，触感滑爽，不易起皱，但吸湿性、透气性较差，易产生静电，穿着舒适性没有天然纤维面料好。衬衫常用的化纤丝绸品种有涤丝雪纺、涤丝乔其、绵绸、富春纺、人丝软缎、醋酯仿真丝面料以及蕾丝面料等。

三、内衣

1. 贴身内衣

贴身内衣常用针织面料的原料成分一般有两大类。一类是以棉为主：内料用纯棉起薄绒，柔软、舒适、吸湿、透气而且健康；外料为了增加耐磨性通常采用锦纶或涤纶，为了增加美观可以用一些锦纶或涤纶的蕾丝。另一类是丝绸，里外料均采用真丝，属于内衣中的高档产品，大都采用缎类织物，如软缎，光滑、柔软、美观，也可用质地较密的绸类织物，比如塔夫绸、斜纹绸，细密耐用，还有中长纤维绢丝纺也很受欢迎。近年来还在内衣面料里添加一定含量的氨纶，增加弹性、耐用性和保形性。

2. 睡衣

睡衣往往要求宽松、舒适、透气，因此可选择纯棉或真丝针织和梭织面料，也可用人造丝、人造棉等粘胶织物、棉麻交织物，秋冬季节还可用比较厚的棉绒、腈纶仿毛绒类。不过腈纶仿毛绒虽然保暖性甚佳，但会因为天气干燥容易起静电，有呼吸道疾病的人不宜穿用。

3. 功能性内衣

针对消费者的不同需求，内衣可使用不同的新型材料，从而使其具有特殊的功能。

（1）保暖型内衣　利用先进的纺纱技术将远红外放射陶瓷超微粒加入到腈纶纤维中，陶瓷纤维可以将人体发出的远红外热能反射给人体本身，从而使面料具有良好的生热、保暖、透气、耐洗涤且容易晾干等特点。

（2）抗菌型内衣　采用羊绒、莫代尔和棉为材料，经过“无机 / 有机复合纳米抗菌整理技术”处理的面料，可以在 24 小时内 100% 杀灭金黄色葡萄球菌和白色念珠菌，具有极好的抑制和杀灭细菌的能力。

（3）保健型内衣　如香薰内衣，在衣料中加入了精炼的薰衣草精油，夜晚会散发出薰衣草的香味，有助于提高睡眠质量。

（4）塑身型内衣　塑身型内衣采用新型热弹纤维加工而成，能自行发热增温 5℃以上，改善人体微循环，加快脂肪代谢，消耗热量，从而达到燃脂塑身的目的。

四、下装

1. 裙装

裙装面料主要根据造型、风格、季节、年龄等的变化进行选择，以充分表现女性的优美曲线和婀娜多姿的动态，如图 5—10 所示。

（1）高档裙装面料

1）轻薄类：真丝中的雪纺、乔其纱、双绉、碧绉、桑波缎等，具有良好的服用性能和外观性能，悬垂感和飘逸感好，突出女性柔美感，适合多种款式特别是摆幅较大的裙装。

2）厚实类：毛料中的法兰绒、各类精粗纺花呢都不错，挺括保暖；皮革光滑有形，非常有个性。这类面料适合 A 字裙、直身裙、西服裙等摆幅较小的裙装。

（2）中档裙装面料

1）天然面料：纯棉麻织物，薄的有巴黎纱、麻纱，中厚的有牛仔布、灯芯绒等。

2）化纤面料：涤纶仿丝、仿毛等织物，如洗水丝、柔姿纱、珠丽纹、重磅花瑶等。

图 5—10 裙装面料的选用

（3）低档裙装面料　人造丝、人造棉等织物，如富春纺、富华纺等。

2. 裤装

裤装面料要求具有一定的保形性和较好的抗钩丝性，如图 5—11 所示。

（1）合体裤　合体裤包括直筒型、喇叭型和窄脚型。如果是西裤，常用凡立丁、派力司、华达呢、哔叽等精纺毛料；如果是休闲裤，可用牛仔布、宽条灯芯绒等棉布；如果是工作裤，一般用卡其布、阿巴甸及各种涤纶面料。

（2）宽松裤　宽松裤包括萝卜裤、灯笼裤和裙裤，常用吸湿透气性良好的绸缎、棉细布、亚麻布、各类洗水布等面料。

（3）紧身裤　紧身裤包括健美裤、体操裤以及最近比较流行的铅笔裤。这类裤装要求有较好的弹性，因此通常采用针织的纯棉、涤盖棉、涤丝绸等面料，并且与较高比例的氨纶（莱卡）混纺。

图 5—11 裤装面料的选用

五、中式传统服装

1. 旗袍

旗袍是富有我国传统特色的女装，常常在正式的场合以礼服的形式出现，有一定的象征意义，所以用料十分考究，大都采用真丝面料。旗袍夏季常用斜纹绸、双绉、桑波缎、绉缎等，春秋季常用织锦缎、古香缎、花软缎、天鹅绒、金丝绒、乔其绒等。

2. 中山装

中山装是具有我国传统特色的男装，面料要求挺括，稳重大方。中山装主要采用毛料、毛涤混纺或各类仿毛面料，如凡立丁、华达呢、哔叽、麦尔登、精纺和粗纺花呢、海军呢、制服呢等。

自测园地

1. 请同学们根据这节课所分析讨论的男女衬衫常用的面料，课后搜集图片资料或面料实物，并配以适当的文字说明，装订成册（A4 规格）。

2. 以小组为单位，选择一位喜爱的偶像或明星，对其穿着打扮进行评价，特别是面料部分，属于哪种搭配方法？有什么优点？有什么需要改变的地方？并提出修改建议，归纳汇总后选出小组代表上台演讲。

知识拓展

面料造型魔术师——三宅一生

三宅一生（Issey Miyake）是伟大的艺术大师，他的时装极具创造力，集质朴、基本、现代于一体，并将设计延伸到对面料的创造性设计领域。他在传统织物中应用现代科技，结合他个人的哲学思想，创造出独特而不可思议的织料和服装，被称为“面料造型魔术师”。

三宅一生 1938 年生于日本广岛，20 世纪 60 年代初考入东京多摩美术大学设计系，学习服装设计。1965 年他赴法国巴黎留学，1966 年成为著名时装设计师拉·罗修的助理设计师；1968 年又转到纪·梵希门下，担任助理；1970 年回到日本，在东京开办了

“三宅时装设计所”；1971 年，在纽约首次举办了个人时装发布会，曾轰动一时；1973 年，又在巴黎举办了高级成衣发布会。20 世纪 80 年代初，三宅一生以三宅褶皱（Pleats Please) 为主题推出系列时装，从此跻身于巴黎时装舞台。

“一生褶”是三宅服饰的标志，服装本身就像雕塑品一般呈现梦幻图案，又与人体合成流畅的波纹，传递出完美的韵律。“一生褶”不只是装饰性的艺术，还充分考虑了人体的造型和运动的特点。在机器压褶的时候，他直接依照人体曲线或造型需要来调整裁片与褶痕，服装穿在人的身体上，肩、臂、腰、臀都能活动自如，充满柔情，衣随人动，将东方服饰蕴含的美充分体现出来。

三宅一生的作品选材不拘一格，造型自由奔放，充满个性的灵光，带着无拘无束的解放感。三宅一生极具艺术家的精神与气质，他将服装中的艺术属性最大限度地发掘出来，将服装设计的范围扩展到了一个前人从未涉足的领域。

Issey Miyake 2017春夏

第六章
服装辅料

服装辅料是制作一件服装除面料外所用的其他所有材料的总称。服装辅料是服装必不可少的组成部分，根据其功能的不同，可分为八大类：服装里料、服装填料、服装衬料、服装垫料、线类材料、紧扣材料、商标和标识以及其他装饰类材料。

学习目标

- ◆ 了解服装辅料的种类及其在服装中的作用。
- ◆ 掌握常用服装辅料的品种、规格和型号。
- ◆ 掌握常见服装辅料的特性及其选配要求。

第一节 服装里料

用于制作服装里子的材料统称为服装里料。服装是否配置里子，主要根据设计需求、面料特性及服装结构等因素确定，一般中、高档的服装（如呢绒面料的服装、裘皮类的服装）和有填充料的服装（如棉衣、羽绒衣等）都需要配置相应的服装里料，以完成服装的结构或改善服装的服用性能和外观。

一、服装里料的作用

服装配置里料主要有以下几方面作用。

1. 保护服装面料

服装配上里料后，对服装面料具有一定的保护作用。如呢绒和毛皮类的服装配上里料后，可减少人体对服装面料反面的磨损，以及减少对毛皮的磨损和沾污。

2. 提高服装档次

服装的里料可以遮盖住服装面料反面的缝头、毛边以及衬布等，使服装整体显得更加整洁美观，提高服装的档次并获得较好的保形性。

3. 满足工艺需求

棉衣、滑雪衣、羽绒衣等，都需配置相应的里料形成夹层，用以固定棉絮、丝绵、羽绒和弹力絮等絮料。

4. 穿脱方便

对于摩擦系数比较大的服装面料，配上平整、柔软、光滑的服装里料，可使服装穿着舒适、穿脱滑爽方便。

5. 装饰效果

根据设计的需要，将服装面料与里料巧妙组合搭配，还能增强服装的艺术感染力，对设计主题和面料起到烘托的效果。

二、服装里料的选配

服装里料的选配除了要考虑满足其自身的功能外（如羽绒服的里料要考虑防绒性），还要考虑其与服装面料的合理搭配和协调性，具体需要考虑以下几方面的因素：

1. 里料的色泽

里料的色泽要与服装面料协调搭配。一般情况下，里料色泽宜与面料相近且较面料颜色稍浅，以免造成透色或沾色等不良反应。对于不宜经常洗涤的服装，里料则宜选择相对较深的颜色，否则耐脏性不好。

2. 里料的性能

（1）里料的性能要与服装面料的性能相配伍，如里料的缩水率、耐热性能、洗涤性能、牢度、硬挺度等应符合面料的配伍要求，从而满足服装外观造型的需求。对缩水率大的里料应进行预缩水处理，或在裁剪、缝纫时放出一定的余量。

（2）对于含绒类填充材料的服装产品，其里料应选用细密或有涂层的面料以防脱绒。

（3）里料应光滑、耐磨、防起毛起球，并有良好的色牢度，以免受潮后掉色污染服装面料或内衣。

3. 里料的质地

里料的质地应与面料相匹配，其重量、厚度不宜超过面料（绒和皮毛的里料除外），以免造成面料轻飘感。通常厚实面料的服装可采用较为厚实的羽纱、美丽绸为里料，薄型面料的服装则可采用较为轻薄的电力纺、尼丝纺等为里料。同时，注意面料与里料在裁剪时裁法（直裁、横裁或斜裁）要一致，以确保达到服装的最终设计造型要求。

4. 里料的经济性

里料的选配应考虑经济实用性，里料的档次要与面料相匹配，一般其价值不应超过面料，以降低服装的成本。要避免选用缝线易脱线的里料，以免影响产品质量，造成经济损失。

三、常见里料的种类及应用

根据原料的不同，里料可分为棉布类、真丝类、人造纤维类、合成纤维类及其他材料。

服装里料常用品种、特性及应用见表 6—1。

表 6—1　服装里料常用品种、特性及应用

类别	主要品种	原料	特性	在服装中的应用
棉布类	细布	棉纱	柔软亲肤，吸湿透气，保暖性好，穿着舒适，强度较高，耐磨性好，染色性好，但光泽与抗皱性较差。针织汗布的弹性、抗皱性较好	主要用于内衣、运动装、休闲类服装、童装、婴幼儿服装等
	色织细布			
	拉绒棉布			
	针织汗布			
真丝类	乔其纱	桑蚕丝	光泽优雅，色彩艳丽，轻薄细腻，吸湿透气性好，不易产生静电，但是其耐碱性、耐光性、弹性及耐霉变性较差	主要用于高档真丝、丝绒、丝棉类服装。外销服装使用较多
	电力纺、洋纺			
	斜纹绸			
人造纤维类	美丽绸	有光粘胶人造丝	纹路细密清晰，手感平挺光滑，色泽鲜艳光亮，吸湿透气，但缩水率较大，抗皱性较差	可用作呢绒服装、厚型毛料服装的里料，裁剪前需要充分缩水
	铜氨绸	铜氨人造丝	手感柔软，细滑如丝，光泽柔和，透气性好，不易收缩，不易褪变，缩水率比粘胶人造丝小	用于皮草、礼服或其他高级衣料的里布
	醋酯绸	醋酯丝	光泽与真丝接近，光滑柔软，回弹性与吸湿性好，无静电，不起毛起球，缩水率比粘胶人造丝小，强度比粘胶人造丝差	适合于各种中、高级时装里料
合成纤维类	涤丝塔夫	涤纶丝	具有较高的强度与弹性，结实耐用，挺括抗皱，不易吸湿，不易变形，但透气性差，手感较硬，易产生静电	在服装中运用广泛，适合于各类男女时装、西服、休闲服等。超细旦涤塔夫可做羽绒服面、里布
	涤丝纺			
	提花绸	涤纶与粘胶人造丝交织		
	尼丝纺	锦纶丝	耐磨性高、手感柔和，有弹性及弹性恢复性极好，但通风透气性差，耐光及耐热性比涤纶差	用于登山服、运动服及部分时装里料。加密尼丝纺可做羽绒服、登山服、运动服面、里料
	针织网眼布	涤纶或混纺纱线	布身挺爽不贴身，透气性好，弹性好，不易变形	常用于运动服、户外服里料
其他	动物毛皮、毛织品等	羊羔毛、人造毛等	保暖性极好，穿着柔软舒适	多用于冬季及皮革服装

自测园地

请同学们根据老师提供的面料小样及要求款式，选配适宜的里料，并完成下表内容。

款式效果图	面料小样	搭配的里料	选择的理由
	 涤棉卡其		
	 真丝乔其纱		
	 加密尼丝纺		

知识拓展

纳米技术面料

我们在许多领域里常常会听到一个名词“纳米”。“纳米是什么？”很多人会这么问。纳米其实是一种长度单位，1 纳米是 1 米的十亿分之一，20 纳米相当于 1 根头发丝的三千分之一。

纳米技术是指在纳米尺寸范围内，通过直接操纵和安排原子、分子来创造新物质。普通的材料，通过纳米化处理，能增添许多神奇的特性。如纳米技术面料就是将纤维或织物表面进行纳米化处理，经处理后的织物表面被转换成纳米的度量水准，水、灰尘以及其他污染物如果汁、墨汁等就完全不会沾污、停留在织物的表面了，相当于织物拥有了“自动清洁”的能力！

纳米技术给我们生活带来的变革，将不亚于电力代替蒸汽的变革。我国的纳米科技研究在国际上居于领先地位，有些成果已进入生产阶段，如目前国内一些厂家已研制出纳米抗菌洗衣机之类的“纳米家电”，还有“纳米抗菌内衣”“纳米抗污面料”等，“纳米新生活”将离我们越来越近。

纳米防水防污国旗面料

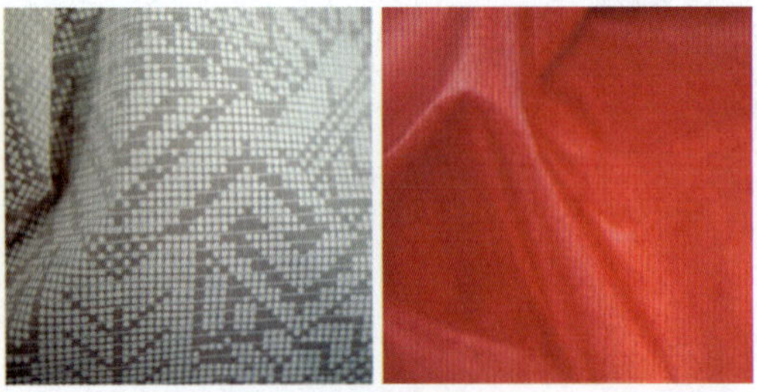

纳米服装面料

第二节 服装填料

服装填料是指充填于服装面、里料之间，具有填充、保暖、降温、保健、防热辐射等功能的一类服装辅料。服装填料一般分成絮类填料和絮片类填料两种。

一、絮类填料

絮类填料是指松散的呈絮状的纤维类填料，如絮棉、羽绒、丝绵、驼毛等。絮类填料没有固定的形状，充填后需绗缝固定。

1. 絮棉

絮棉是指加工成絮片状的棉纤维，具有穿着保暖、吸湿、通气的特点，但不宜水洗，使用日久易板结。絮棉是常用的保暖用填料，主要用作棉被、棉衣、棉裤等的填料。

2. 羽绒

羽绒是指长在鹅、鸭的腹部成芦花朵状的又细又软的绒毛。羽绒具有轻、柔、软、松及弹性好、保暖性极佳的特点，是冬季滑雪衫、羽绒服、羽绒被等的高档天然填充料，如图 6—1 所示。服装上常用的羽绒有鸭绒、鹅绒等。其中鸭绒具有质量轻、保暖性和弹性佳的特点；鹅绒的手感较鸭绒细软，但保暖性能略差于鸭绒。

3. 丝绵

丝绵是用蚕茧的下茧、厚皮茧、蛹衬以及剥取蚕茧表面的乱丝等加工而成的，如图 6—2 所示。由于丝绵的纤维长度较长，且其吸湿放热性能优于棉纤维，故丝绵的弹性和

图 6—1 UNRAVEL 2017/18 秋冬羽绒服

图 6—2 丝绵

保暖性均优于絮棉。另外，丝绵还具有质轻和穿着通气、舒适的特点，是高档的被服保暖填料。

4. 驼毛

驼毛是指骆驼身上的毛，具有蓬松、柔软、弹性好的特点，其保暖性优于棉花，次于羽绒。驼毛具有经常翻晒即可保持蓬松的特点，既轻又暖，是棉衣和被子的理想填充料。

二、絮片类填料

絮片是一种由纺织纤维构成的蓬松柔软而富有弹性的片状材料，属于非织造布类。絮片具有取材丰富，规格参数容易控制，易裁剪、易缝制、易保管的特点，因此得到迅速的发展和推广。

1. 热熔棉絮片

热熔棉絮片以涤纶、腈纶等化学纤维为主要原料，用热熔粘合工艺加工而成（见图6—3）。热熔棉絮片比棉絮轻柔，并具有良好的抗拉强度，其保暖性、透湿性、透气性都比较好，价格便宜，属于普及型的保暖材料，常作为中低端服装和床上用品的保暖填料。

图6—3 热熔棉絮片

2. 喷胶棉絮片

喷胶棉絮片以中空或高卷曲的涤纶、腈纶等化学纤维为原料，采用液体粘合剂粘结而成（见图6—4）。其性能与热熔棉絮片相似，但因采用中空纤维为原料，其蓬松性能比热熔棉絮片更高，具有手感柔软、弹性好、耐水洗及保暖性良好的特点，是中低端户

图6—4 喷胶棉絮片

外运动服的理想保暖填料。

3. 毛型复合絮片

毛型复合絮片以毛或毛与其他纤维混合材料为絮层原料，以单层或多层薄型材料为复合基，经针刺复合加工而成（见图6—5）。其产品因原料、结构及加工工艺不同而有多种类型，如羊毛复合絮片、毛涤复合絮片、驼绒复合絮片等。毛型复合絮片保暖效果好且穿着舒适，物理机械性能优越，但价格较贵，属于较高档的保暖材料。

图6—5 毛型复合絮片

4. 远红外棉复合絮片

远红外棉复合絮片是以远红外涤纶或远红外锦纶等功能性纤维为基本原料制成的新一代保暖絮片材料。这种远红外纤维除具有高效的吸湿、透湿、透气等优良特性外，还具有抗菌、除臭和一定保健功能，是一种极具开发前景的新型保暖材料，适合制作各类高档的保暖衬衣、棉衣、防寒服、卧具等。

5. 金属镀膜絮片

金属镀膜絮片又称太空棉、金属棉、宇航棉，是一种超薄、超轻、高效的新型保暖材料（见图6—6）。它以纤维絮片、金属镀膜为主体原料，经复合加工而成。金属镀膜絮片的保暖性能、防风性能和物理机械性能良好，优于棉花、羊毛、羽绒等传统填料，具有轻、薄、软、暖等优点，但其透湿性和透气性较差，穿着会有闷热感，因此适合做风衣、登山服、滑雪衫、帐篷等的保暖材料。

图6—6 金属镀膜絮片

表6—2为不同种类保暖絮片的性能比较。

表 6—2 不同种类保暖絮片性能比较

絮片种类	保暖性	透湿性	透气性	强力	耐洗性	耐磨性	缩水性	价格	应用
热熔棉絮片	较好	好	好	一般	差	差	差	低	中低端保暖服装、用品
喷胶棉絮片	较好	好	好	一般	一般	差	差	稍低	中低端保暖服装、用品
毛型复合絮片	好	一般	一般	好	差	较好	差	贵	中高端保暖服装、用品
远红外棉复合絮片	好	好	好	好	好	好	好	稍贵	高档保暖衬衣、棉衣、防寒服、卧具等
金属镀膜絮片	较好	差	差	好	较好	好	好	稍贵	登山服、滑雪衫、帐篷等户外服装、用品

三、面料、里料与填料的选配原则

填料必须与面料、里料合理配合，才能保证服装良好的服用性能。面料、里料与填料的选配原则如下：

1. 对于骆驼绒和羊绒之类的填料，必须配以细密光滑的塔夫绸及较厚密的斜纹绸为里料，否则绒毛易钻出衣里、衣面之外，影响外观及服用性能。

2. 丝绵填料可选择细密而柔软光滑的细纹绸、美丽绸或无光纺为里料，仿丝绸、真丝绸、缎类为面料，这样既可使棉衣柔软，又可不使丝绵因摩擦而钻出。

3. 长毛绒类填料可用美丽绸、羽纱、真丝、软缎为里料，保护长毛绒，延长使用寿命。

4. 羽绒、化纤喷胶棉可使用防水涂层尼龙塔夫绸为面料，加密尼丝纺为里料，使服装既柔软、轻暖，又滑爽耐污。

自测园地

1. 到当地服装辅料市场考察，了解一下市场有哪些填絮类材料，价格如何。

2. 到当地服装专卖店、商场或批发市场考察，了解一下保暖服的主要填充料，以及不同填充料的服装使用的面料、里料及服装的价格有什么差别。

3. 上网查一查，目前还出现了哪些新型填料？各自有什么特性？

4. 在完成以上三方面的调查后，小组同学一起完成一份市场调查的 PPT，并在全班汇报。汇报内容的提纲如下：

◆ 调查的时间，调查的地点，参与的人员（考察队员合影、考察地点实景、简要文字说明）。

◆ 辅料市场调查概况（采集到的材料图片、名称、成分、价格）。

◆ 服装市场调查概况（采集到的服装图片、成分标签图片、价格标签图片，加简要文字说明）。

◆ 网络调查情况概述（搜索到的新材料图片，加简要文字说明）。

◆ 简要总结本次市场调查的收获。

知识拓展

3M“新雪丽”® 高效暖绒

“新雪丽”（Thinsulate®）是美国 3M 公司注册的保暖材料商标，是提出轻薄保暖概念的保暖材料品牌之一，1978 年诞生于美国，专门设计研发美国海军陆战队的保暖服装，1988 年进入民用市场，多次赞助冬季奥运会以及世界杯滑雪赛。

该保暖材料由美国 3M 公司采用先进技术制造的超细纤维组成，其直径是一般纤维的十分之一，使得纤维间留存的空气更多。同传统的保暖材料相比，“新雪丽”的保暖性是羽绒的 1.5 倍，是其他保暖材料的 2 倍。同时，“新雪丽”保暖材料的吸水量只是其自重的 1%，即使在潮湿的环境中它依然能够保暖。“新雪丽”保暖材料具有保温、轻薄、柔软、安全不致敏、可水洗或可干洗，且洗涤后回弹性好、不缩水、保温性能不下降等优点，被广泛应用于服装、滑雪衫、床上用品、睡袋、手套、鞋等防寒用品，尤其适用于专业户外运动装备。2002 年“新雪丽”进入中国后，成为国家南极科考队指定使用的保暖材料。“新雪丽”保暖材料逐渐在中高端服饰中得到广泛运用。

身着“新雪丽”户外服的南极科考队队员

第三节 服装衬料

服装衬料是服装辅料里的一大族群，它犹如服装的骨架，对服装起着衬垫和支撑的作用，可以改善服装的造型性能、加工性能，提升服装的穿着舒适性，增加服装的合体性，提高服装的使用寿命，同时还可以掩盖体型的缺陷，对人体美起到修饰作用。服装衬料种类繁多，主要用在服装的前身、肩 、胸、领、袖口、袋口、腰等部位。服装衬料根据材质的不同，可以分为棉麻衬、毛发衬和化学衬三大系列。

一、衬料的种类及特性

1. 棉麻衬

棉麻衬包括棉布衬和麻布衬。棉布衬表面平整、质地柔软，有一定的挺括度及弹性，但其保形性不强，工业化批量生产中使用较少，常做牵条布。麻布衬具有较好的弹性及硬挺度，常用作普通中山装、西装等服装的衬布。棉麻衬的缩水率都较大，用时最好先缩水。

2. 毛发衬

根据纬纱原料的不同，毛发衬分为黑炭衬和马尾衬两类，如图 6—7 所示。

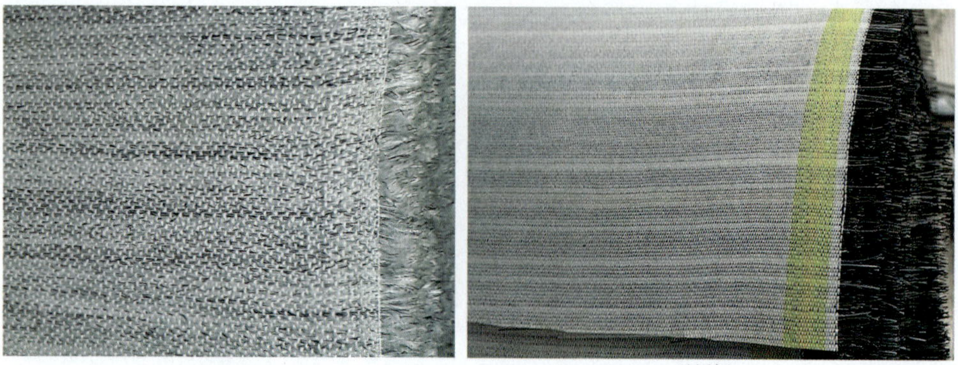

黑炭衬　　马尾衬

图 6—7　毛发衬

（1）黑炭衬　黑炭衬又称毛衬，是用棉或棉混纺纱做经，动物纤维（山羊毛、牦牛毛、人发等）或毛混纺纱做纬交织而成的。其色泽以黑灰色和灰色为主，幅宽一般有 74 厘米、79 厘米和 81 厘米三种。黑炭衬质地爽洁、挺括有弹性、抗皱能力强，干洗和水洗后尺寸的变化较小（一般都低于纯毛或混纺面料），具有很强的可造型性。

（2）马尾衬　马尾衬又称马鬃衬，是用棉纱或羊毛做经，整根马尾做纬交织而成的。由于马尾衬的幅宽受到马尾长度的限制（一般幅宽只能达到 45 ~ 55 厘米），故近年来又开发出包芯马尾衬（将马尾的头、尾相连，再用棉纱缠绕连接起来），使马尾衬不再受到马尾长度的限制。马尾衬的经稀、纬密，色呈灰白，手感爽洁，硬挺不刺手，并富有弹性。其主要性能和用途与黑炭衬相仿，但因价格较贵，故主要用作高档西装、大衣的衬料。

黑炭衬与马尾衬弹性好，造型能力强，服装覆衬后面料自然不变形，是理想的高档服装衬布，主要用作毛料服装的衬料，如用在西服、套装、大衣、礼服、制服等外衣的前身、肩、胸、袖等部位。图 6—8 为男西服前片配衬示意图。根据基布质量的不同，黑炭衬与马尾衬可分为超薄型、轻薄型、中厚型和超厚型四种，见表 6—3。

表 6—3　马尾衬、黑炭衬基布质量分类

类别	基布质量（克 / 平方米）
超薄型	155 及以下
轻薄型	156 ~ 195
中厚型	196 ~ 230
超厚型	231 以上

3. 化学衬

化学衬又可分为树脂衬、非织造衬布和粘合衬三类。

（1）树脂衬　树脂衬是指用机织或针织的棉布或涤棉布为基布，经过漂白或染色等其他加工，再经树脂处理加工而成的一类服装衬料。树脂衬具有优良的防缩性和弹性，缩水率低，软硬适中，抗皱免烫等特点。其基布有纯棉、涤棉混纺和纯涤纶三种，运用广泛，可用作衬衫、外衣、制服、大衣、风衣、雨衣等的衬料。常见的树脂衬布品种及其用途见表 6—4。

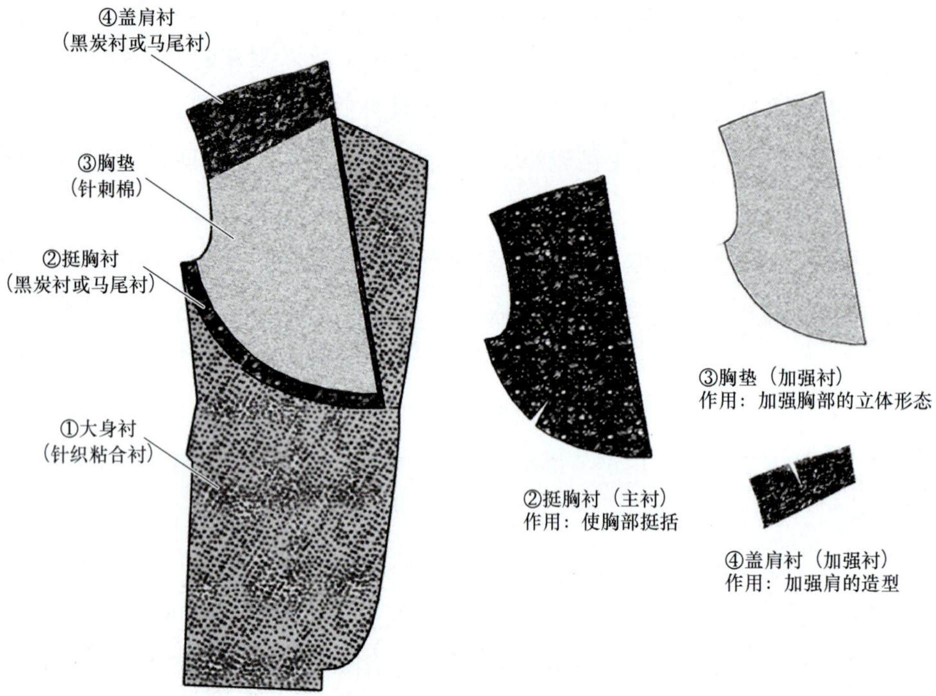

图 6—8 男西服前片配衬示意图

表 6—4 常见树脂衬布品种及其用途

衬布名称	特性	品种	用途
纯棉树脂衬	缩水率小，尺寸稳定性好	薄型，手感软	薄型、柔软的毛、丝、混纺及针织料服装的衣领、上衣前身以及大衣（全夹里）的衬料
		中厚型，较硬手感	厚料大衣、学生服的前身、衣领、裤腰和腰带等的衬料
涤棉混纺树脂衬	缩水率小，尺寸稳定性好，弹性好，手感可在较大范围内变化	薄型，手感中软	女装、童装等夏季服装的衬料，以及大衣、风衣的前身、驳头等部位的衬料
		中、厚型，手感硬	风衣、雨衣、西服、大衣的前身、衣领、口袋、袖口以及夹克、工作服等的衬料
		中、厚型，特硬手感	生产各种腰衬、嵌条衬等
纯涤纶树脂衬	缩水率小，尺寸稳定性好，极强的弹性和滑爽的手感		高档T恤衫、西服、风衣、大衣等的衬料

（2）非织造衬布　非织造布是以涤纶、丙纶、粘胶等为原料，通过摩擦、抱合、粘合或这些方法的组合而制成的薄片、纤网或絮片。非织造衬布按其加工和使用性能不同，可以分为普通非织造衬布和水溶性非织造衬布。

1）普通非织造衬布　普通非织造衬布是使用最早的非织造衬布，它是将非织造布直接用来做衬布，现大部分已被粘合非织造衬布所替代，但在针织服装、轻便服装、风雨衣、羽绒服、童装上仍有使用。

2）水溶性非织造衬布　水溶性非织造衬布是由水溶性纤维和粘合剂制成的特种非织造布，在一定温度的热水中会迅速溶解而消失。它主要用作绣花服装和水溶花边的底衬，故又名“绣花衬”。

（3）粘合衬　粘合衬由于以“粘”代“缝”，大大简化了服装加工的工艺流程，提高了缝制工效，因此是目前服装行业中使用最广泛的衬料。粘合衬是在基布上附着一层热熔胶，在一定的温度和压力作用下，极短的时间内就可以使其与服装面料牢牢粘合在一起，同时能保证被粘合的面料不起泡、无皱纹、平整挺括。粘合衬按照基布的种类不同，可以分为梭织粘合衬、针织粘合衬和非织造粘合衬三类，如图6—9所示。

图6—9　粘合衬种类

1）梭织粘合衬　梭织粘合衬底布为纯棉、涤/棉混纺、粘胶和涤粘交织的细布，经粘合剂处理或涂层处理而成。梭织粘合衬的尺寸稳定，抗皱性能较好，主要以白色和原色为主，多用作中高档服装的衬料。梭织粘合衬一般纬向伸长较小，裁剪时常以纬向做经向用。梭织粘合衬按其厚薄可分成厚型、中型和薄型三档，其用途见表6—5。

表6—5　梭织粘合衬厚薄及用途

种类	平方米质量（克/平方米）	用途
厚型梭织粘合衬	150～250	腰衬、领衬、胸衬
中型梭织粘合衬	110～150	领衬、外衣衬
薄型梭织粘合衬	60～110	时装衬、衬衫主衬

2）针织粘合衬　因为其基布采用经编或纬编针织物，所以这类粘合衬具有较好的弹性，常用作各类针织服装、弹性面料、毛料服装的衬料。

3）非织造粘合衬　基布采用非织造布，表面涂上热熔胶而制成非织造粘合衬。非织造粘合衬质地轻软，常用于做驳头衬、挂面衬、袖口衬、牵条等。近年来，随着非织造粘合衬的快速发展，其品种不断丰富，质量也有很大提高，一些高级优质的非织造粘合衬还可用于西服大衣衬和领衬等。非织造粘合衬常用的原料有粘胶、涤纶、锦纶、腈纶和丙纶等。其中以涤纶和涤纶混合纤维为原料的粘合衬弹性比较好；以粘胶纤维为原料的粘合衬价格便宜，但强度较差；以锦纶为原料的粘合衬手感较柔软。非织造粘合衬按其厚薄可分成薄型、中型和厚型三档，其用途见表6—6。

表6—6　非织造粘合衬种类及用途

种类	平方米质量（克/平方米）	用途
薄型非织造粘合衬	15～30	毛、丝、针织料的衣领、上衣前身及大衣
中型非织造粘合衬	30～50	雨衣、风衣、童装、夹克、制服的前身、衣领口袋
厚型非织造粘合衬	50～80	厚料大衣、套装的前身、衣领、腰带等

二、粘合衬工艺条件

粘合衬的粘合效果与压烫的时间、温度、压力，面料的组织结构，纤维的导热性能，热熔胶的熔融温度、表面张力、熔融粘度（或熔融指数）和扩散速率系数等有关。粘合衬与面料粘合是靠基布上的热熔胶做粘合剂，衬布与面料的粘合过程实际上是热熔胶与纤维的粘合过程，这个过程大致分为四个阶段，如图6—10所示。

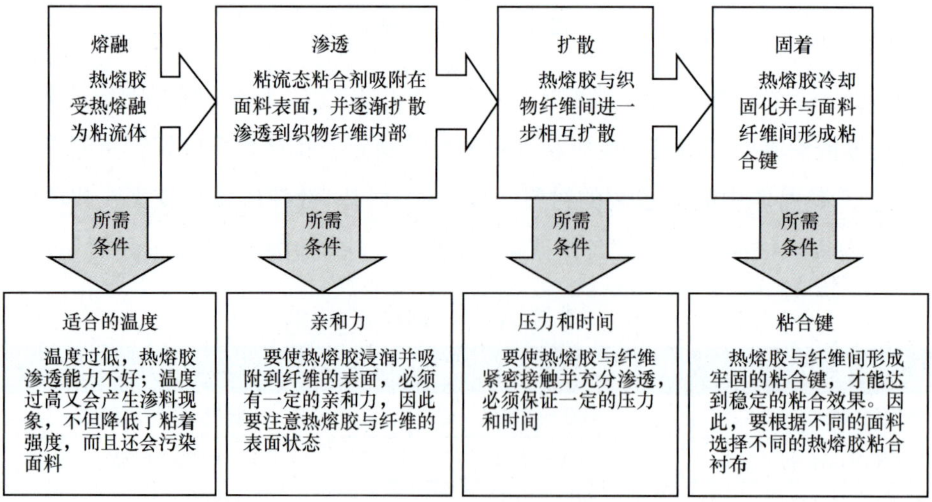

图6—10　衬布与面料的粘合过程及所需条件

由图6—10可知，要使粘合衬与面料粘合，须经过热熔胶的熔融、渗透、扩散和固着四个阶段，而熨烫温度、压力和时间是影响粘合衬粘合牢度的重要因素，一般称之为粘合的三要素。同时，衬布上所用热熔胶的类型以及衬布表面胶的分布形态，对粘合牢度也有较大影响。表6—7为常用粘合衬参考压烫条件，表6—8为粘合衬表面热熔胶涂布形态，表6—9为点状粘合衬的选用方法。

表6—7 常用粘合衬参考压烫条件

热熔胶类型	应用范围	平板压烫条件			蒸汽复合压烫	手熨斗压烫
		温度（℃）	时间（s）	压力（9.8×10^5 Pa）		
PA	男外衣	150～170	0.3～0.5	15～20	可	差
PA	女外衣	140～160	0.3～0.5	15～20	可	可
PA	女衬衫	130～160	0.3～0.5	10～20	差	可
PA	皮衣	100～160	0.1～0.4	6～20	好	好
PES	男女衬衣	140～160	0.3～0.5	10～16	差	差
HDPE	男衬衣	160～170	3.0～4.0	10～15	—	—
LDPE	服装小件	120～140	0.6～1.2	10～15	可	好
EVA	裘皮服装	80～120	0.1～0.3	8～12	好	好

表6—8 粘合衬表面热熔胶涂布形态

热熔胶涂布种类	形态示意图	性能及用途
有规则圆点状		◆ 胶粒按一定的间距排列，每平方英寸胶点的个数即为目数，目数越大，分布越密，胶粒越小 ◆ 胶粒大，粘着力就强，因此一般厚重类面料宜用目数小的、胶粒大的衬布，轻薄类面料宜用目数大、胶粒小的衬布

续表

热熔胶涂布种类	形态示意图	性能及用途
无规则撒粉状		◆ 胶粒的大小和间距均无一定规律 ◆ 生产工艺比较简单，由于粘着力较弱，常用于暂时性粘合 ◆ 胶粒越大，粘着力越强，但容易漏胶和变硬
裂纹复合膜状		◆ 热熔胶为一层薄膜复合在基布上，薄膜间有六角形裂纹，以保证基布的透气性 ◆ 表面是光滑的，与面料能紧密接触，这类衬布粘合强力很高，但手感较硬，较多用于领衬
网状	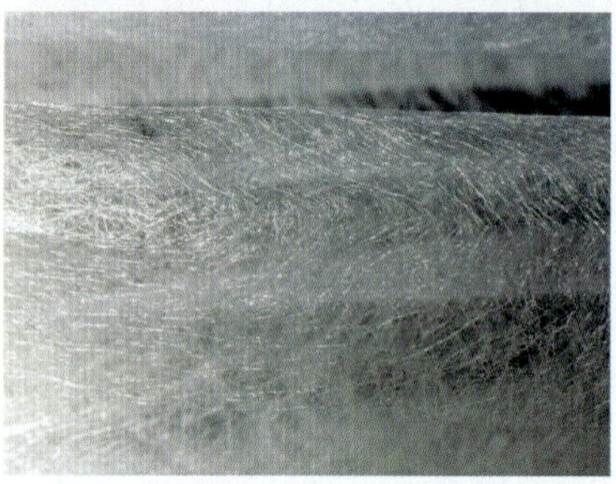	◆ 有两种：一种是热熔胶本身制成网状的无纺布，成为双面粘合衬，可用于贴边等部位；另一种是以熔喷法成网状涂在基布上，这类衬可以防止在服装表面透出胶粒及渗料，主要用于轻薄类面料

表 6—9　点状粘合衬的选用方法

胶粒形态	胶粒数（点数 /2.54 平方厘米）	目数	用途
有规则圆点状	约 80 ~ 120	9 ~ 11	厚重大衣
	约 200	14	中型面料前片
	约 300	17	薄型面料前片
	约 500	22	薄型衬
	约 1 000	28 ~ 36	衬衫
	约 2 000	40 ~ 45	轻薄服装
无规则撒粉状	主要用于暂时性粘合，可用烫斗压烫。大面积的点片状用于厚重类面料，小面积的点片状用于轻薄类面料		

三、衬料的选配原则

衬料对服装的造型性、美观性、服用性、档次以及使用寿命等方面都有非常大的影响，因此对衬料的选用要综合考虑服装、面料、衬布特性及消费者的需求等多方面因素。下面以粘合衬为例来说明衬料的选配过程，工业化生产中粘合衬的选配过程如图 6—11 所示。

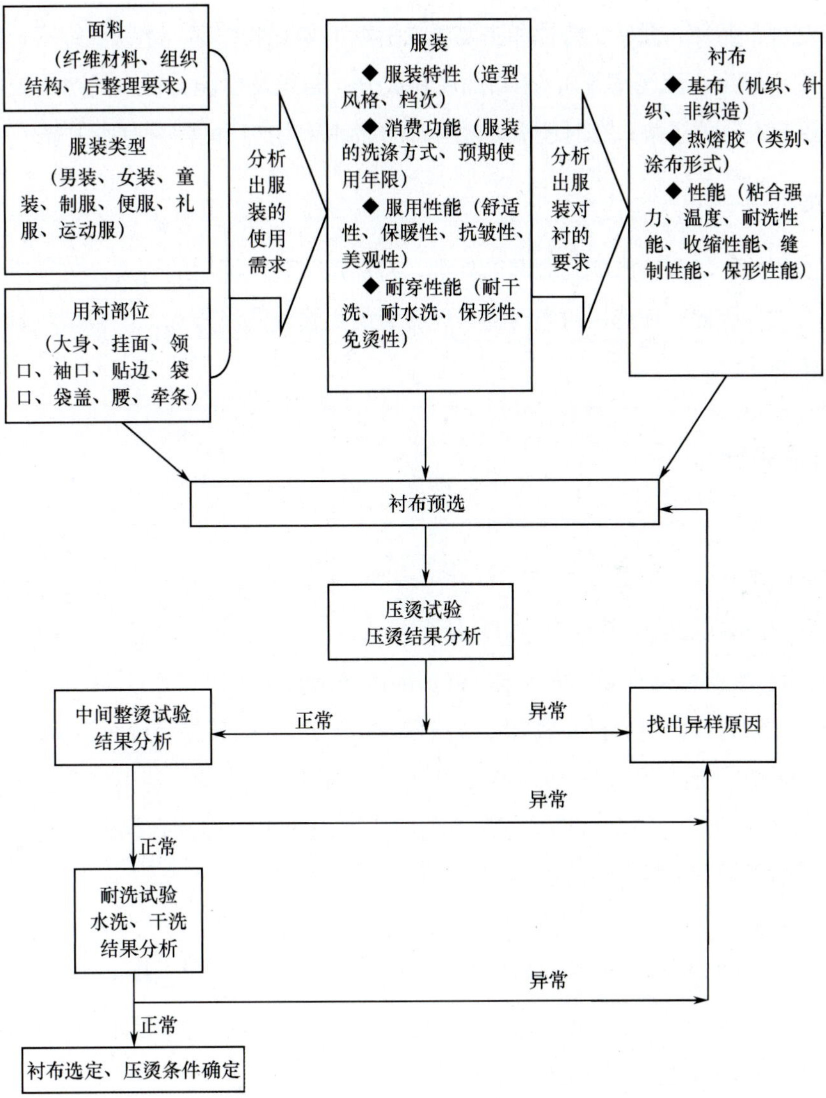

图 6—11 工业化生产中粘合衬选配过程

1. 服装

衬布可提高面料的造型能力和耐穿性，故选用衬料必须根据服装的款式、穿着对象、用衬部位、服装的服用性能及洗涤条件来确定。

2. 面料

要考虑面料与衬布的配伍性，要充分了解面料所用的纤维、组织结构、重量、厚度、密度、手感等方面的性能以及面料的后整理情况。

3. 衬布

必须对衬布品种、规格、特性和主要质量指标（如热收缩率、水洗收缩率、水洗及干洗性能、剥离强度、回潮率等），基布的原料成分、组织及性能，衬布的热熔胶类别、压烫条件范围有充分的了解，有时还需要对衬布的品种及生产厂的信誉有所了解。

4. 消费者

衬布质量的好坏直接影响到服装的外观，特别是服装洗涤后的外观，关乎消费者的穿着及处理方式。因此，在选用衬布时需考虑服装的用途和洗涤方式，使服装在穿着期限内能保持优美的外形。

自测园地

• 知识回顾

1. 服装衬料在服装中所起的作用是什么？
2. 常用衬布的种类有哪几种？它们各自的用途是什么？
3. 什么是粘合衬？它有什么特点？它有哪些种类？你知道如何选配粘合衬吗？

• 深入思考

同学们曾经使用过粘合衬吗？使用方便吗？使用中出现过什么问题？通过本节的学习，你知道出现问题的原因了吗？

• 拓展训练

1. 到服装辅料市场尽可能多地收集各类衬料，并制作成衬料小样卡。

2. 做粘合衬粘合效果试验：将收集到的粘合衬剪取大小为 15 厘米 ×7 厘米的小样，按熨烫要求将粘合衬粘合在白坯布上，试比较：

- 粘合的牢度。
- 粘合后面料的柔韧度。
- 粘合后剥离的难易程度。
- 粘合后面料产生的收缩情况。

知识拓展

水溶性无纺布

水溶性无纺布是指以水溶性 PVA 短纤维为主要原料，采用无纺布工艺生产的一种新型水溶性功能型无纺布。它能在水中溶解或遇水缓慢水解成水溶性分子，有无毒、可水解、环保无污染的优点，具有极其广阔的应用前景，现已在医疗、纺织、服装等领域得到广泛应用。

在医疗领域，水溶性无纺布常用于制作一次性的手术衣、帽、围布、粘纱布、外科敷贴材料、医用床单、工作服、工作帽等，使用一次后，在 90℃左右的热水中溶解，然后排出。水溶性无纺布使用效果与同样的棉制品基本相同，而且还克服了一些医疗卫生材料用后需焚烧而造成二次污染的弊病，并节省了大量销毁费用。

在纺织服装领域，水溶性无纺布可用作绣花基布，可单独绣花，也可与其他面料衬在一起使用。若直接在基布上绣上所需图案，再将水溶纤维溶解，即可得到图案美观、表面平整、立体感强的蕾丝花边，这种花边就叫水溶蕾丝花边；若在织物 + 基布上刺绣，然后将基布溶解，可得到花形饱满、立体且布面平整的绣花布料，这样既美观又简化了缝制工艺。

第四节 服装垫料

服装垫料是为了满足服装造型要求而垫入服装局部部位的一类服装辅料，它可起到按设计要求加高、加厚、平整、修饰服装造型的作用，可使穿着服装更加合体、挺拔、美观，已成为现代服装不可缺少的一种辅料。

服装垫料的种类很多，按使用部位不同，分为肩垫、胸垫、袖窿条、领垫等。

一、肩垫

肩垫（又称垫肩）是衬垫在服装肩部的衬垫物，其作用是使服装肩部的造型更显丰满、平整、挺括，被广泛地应用于西服、制服、大衣、风衣、夹克以及时装、女套装、羊毛衫等服装上。

1. 肩垫的种类

肩垫按基本生产工艺不同，可分为针刺肩垫（见图 6—12 ①②）、定型肩垫（见图 6—12 ③④）和海绵肩垫（见图 6—12 ⑤）三大类；按基本形状不同，可分为平头肩垫（见图 6—12 ①②⑤）和圆头肩垫（见图 6—12 ③④）两大类。

（1）针刺肩垫　针刺肩垫是以棉絮或涤纶絮片、复合絮片为主要原料，辅以黑炭衬或其他衬料，用针刺法复合加工而制成的肩垫。针刺肩垫根据辅助生产工艺不同分为普通针刺肩垫、定型针刺肩垫、绗缝针刺肩垫三种类型。针刺肩垫根据选用原料的不同，又有纯棉、涤纶和涤纶加海绵三种。针刺肩垫主要用作西服、大衣、制服等服装的肩垫。

（2）定型肩垫　定型肩垫是利用热复合定型工艺，将涤纶针刺棉、海绵、涤纶喷胶棉等材料通过 EVA 粉末热复合在一起而制成的肩垫。定型肩垫根据辅助生产工艺不同分成普通定型肩垫、包布定型肩垫和绗缝定型肩垫三种类型。定型肩垫主要用作风衣、夹克、时装、女套装、羊毛衫等服装的肩垫。

（3）海绵肩垫　海绵肩垫是指将海绵按组合的需要切削成一定的形状，再用粘合剂将其粘合成形的一种肩垫。海绵肩垫根据辅助生产工艺不同分成普通

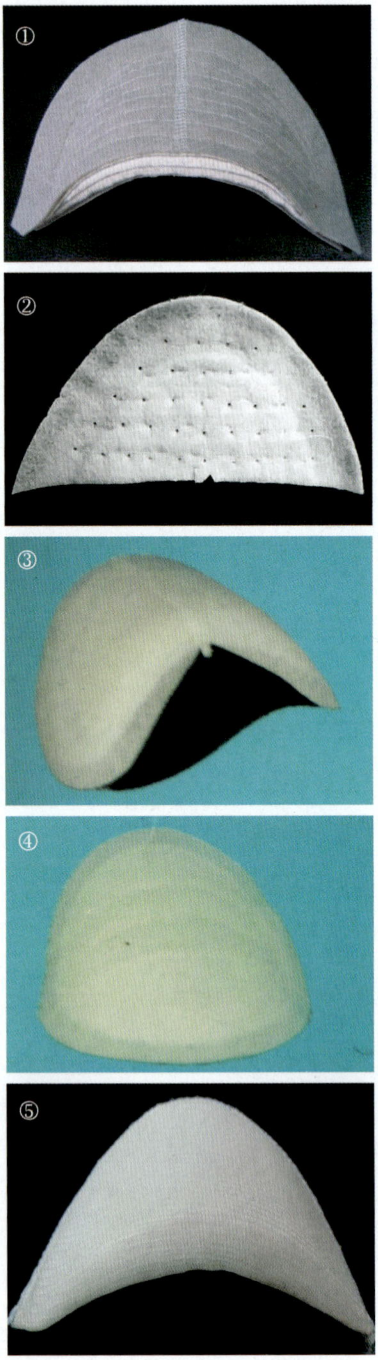

图 6—12　常用肩垫种类

海绵肩垫、定型海绵肩垫和包布海绵肩垫三种类型。海绵肩垫主要用作女衬衫、时装、羊毛衫等服装的肩垫。

肩垫的规格常以长 × 宽 × 厚的形式表示，如 25×15×1.2 表示该肩垫的长为 25 厘米、宽为 15 厘米、厚为 1.2 厘米。

2. 肩垫的选用

肩垫的主要功能是根据设计需求辅助服装肩部造型，因此，应根据服装面料、造型特点以及服用性能要求选用不同类型、不同规格、不同式样的肩垫。

服装衣袖的造型有圆袖、插肩袖和连身袖之分，如图 6—13 所示。一般圆袖选择平头肩垫为宜，插肩袖宜选用圆头肩垫。肩垫的选用还与服装面料有关，厚重面料应选用尺寸较大的肩垫，而轻薄面料则宜选用尺寸较小的肩垫。

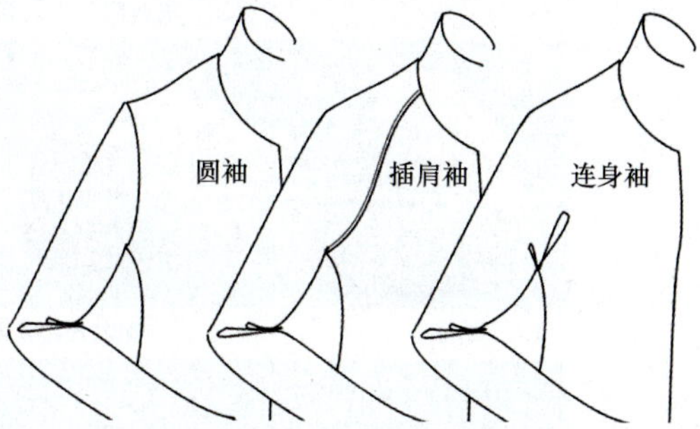

图 6—13 服装衣袖的造型

普通针刺肩垫因经久耐用、价格适中，因而适于作各类职业装的肩垫；而纯棉针刺绗缝肩垫，由于其衬有黑炭衬而颇具身骨，且尺寸稳定，耐洗、耐热，压烫性能良好，属于较高档次的肩垫，故多用作高档西服的肩垫。

定型肩垫由于其富有弹性，并易于造型，品种较多，且具有较好的耐洗涤性能，故多用于插肩服装和时装等的肩垫。

而海绵肩垫由于弹性好，制作方便，价格较低，但耐洗性能较差，故可作为大众化的肩垫产品，一般用作女衬衫、羊毛衫及其他时装的肩垫。

二、胸垫、袖窿条

胸垫（又称胸绒、胸衬）是指衬垫在服装胸部的一类服装辅料，主要用于文胸、贴体礼服、西装、大衣等服装的前胸部位。其作用是使服装的胸部立体感更强，造型更显丰满美观，并具有良好的保形性。袖窿条的作用是使袖窿饱满、圆顺。图 6—14 为常用胸垫、袖窿条的形式。

1. 胸垫的分类

胸垫按加工工艺不同分为机织物胸垫、非织造布胸垫和组合胸垫三大类。

男西服、大衣常用组合胸垫

女内衣、礼服常用胸垫

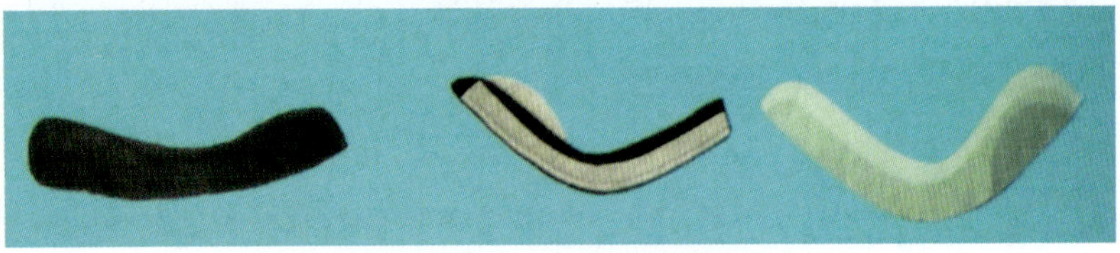

西服、制服、大衣常用袖窿条

图 6—14　常用胸垫及袖窿条形式

机织物胸垫可分为机织毛麻胸垫、机织棉布胸垫和机织黑炭衬胸垫三类。机织物胸垫挺括有身骨，保形性好，但工艺复杂。随着非织造布技术的发展，非织造布衬料得到了广泛运用。利用非织造布制作的胸垫具有重量轻，洗涤后不缩，裁剪后切口不脱散，保形性和回弹性良好，耐霉性好，以及手感、保暖性、透气性良好等优点。与机织物胸垫相比，非织造布胸垫对方向性的要求低、使用方便、价格低廉。组合胸垫是将机织衬与针刺棉进行组合应用，综合两者优点，使服装造型丰满、富有弹性又使用方便。

2. 胸垫、袖窿条的选用

胸垫、袖窿条的选用一般要考虑以下两方面的问题。

（1）质量与成本　一方面要考虑到产品的质量，另一方面要考虑到生产成本，应尽量选择物美价廉的产品。

（2）与面料相匹配　要根据服装的服用性要求和面料的厚薄、色泽来选择不同档次、不同规格和不同颜色的胸垫与袖窿条，尽量做到垫料与面料相匹配。应尽量选择与面料热回缩率相同的垫料产品，以保证面、辅料热回缩率相匹配。

三、领垫

领垫（又称领底呢）是用于服装领里的专用辅料。其作用是提高衣领的定型性和保形性，使服装的衣领平展、服帖、造型美观、富有弹性、洗涤后缩水率小且不走形。领垫主要用于西服、大衣、军警服、制服等服装，如图 6—15 所示。

图 6—15 领垫的使用

领垫按制造工艺的不同，可分为机织起绒领垫、针织起绒领垫和非织造浸胶领垫三类；按材料的不同，可分为毛涤领垫（含毛量 30% ~ 70%）、毛腈领垫（含毛量 30% ~ 70%）、涤腈领垫（涤、腈含量各 50%）和涤粘领垫四类。领垫的选用原则与胸垫相同。

自测园地

• 深入思考

请同学们翻看一下自己的服装，看看哪些服装上装有肩垫，想想为什么这些服装需要肩垫。

• 拓展训练

同学们以前见过西服的组合胸衬吗？那么大家有兴趣了解它吗？老师布置两个任务同学们去完成：

先到商场里去看一看在售的男西服，重点观察胸部的轮廓、领底的材质，然后再用手触摸一下，有什么感觉？

再到服装面辅料市场找一找男西服的组合胸衬，觉得自己能找到它吗？分析一下找到的组合胸衬共有几层？它是由哪些材料组合而成的？

知识拓展

几种常用肩垫的用途及安装图解

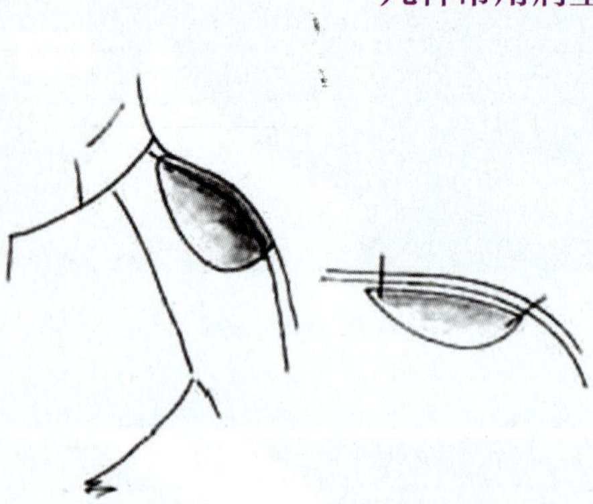

肩垫种类：圆头肩垫

适合服装：插肩袖服装

安装方法：

1. 在肩垫的中心做个记号，将肩垫置于肩部的拼缝线处。

2. 在肩垫的前沿缝粗针，在靠近领口处缝松针。

3. 最后在整个肩垫上缝粗针。

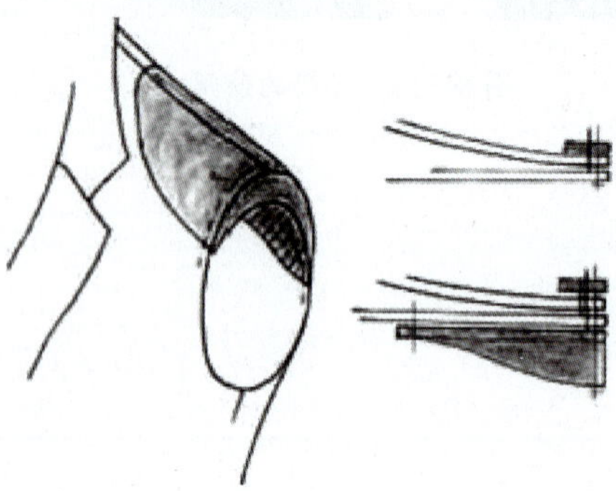

肩垫种类：针刺棉男西服肩垫

适合服装：男西服、大衣、夹克等

安装方法：

1. 将预先做好的袖子与袖窿条缝在一起。

2. 在肩部拼缝上做个记号。

3. 沿着袖孔的拼缝线在肩垫上缝松散的针线，在肩垫靠近领口处缝粗的针线。

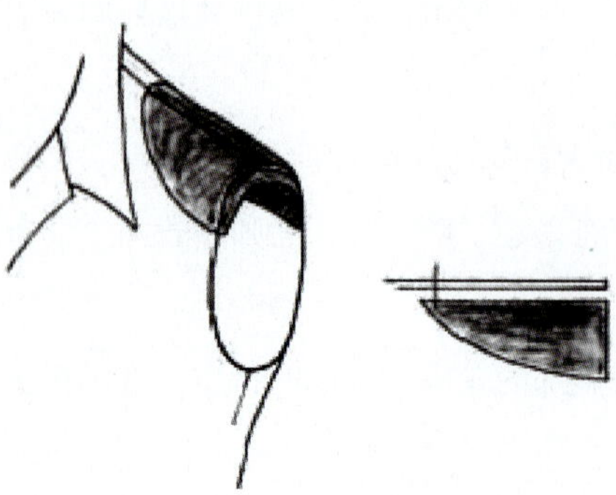

肩垫种类：海绵肩垫

适合服装：女衬衫、女套装

安装方法：

1. 在肩垫的中心做个记号。

2. 在袖孔前后的肩部拼缝线处整个肩垫上缝粗针线。

第五节 线类材料

线类材料是指在服装制作中起缝合和连接服装各个部件的服装材料。线类材料也起到一定的装饰、点缀、美化服装外观的作用。线类材料按用途可分为缝纫线和工艺装饰线。

一、缝纫线

缝纫线在服装上主要用于缝合、连接服装的各个部件，同时也起到一定的点缀作用。缝纫线必须具备可缝性、耐用性和美观性三种基本品质，同时缝纫线的质量不仅影响成衣的质量和外观，也会影响缝纫效率和服装成本。

缝纫线按所用材质不同分为三种基本类型：天然纤维型，如棉线、麻线、丝线等；化学纤维型，如涤纶线、锦纶线、维纶线等；混纺型，如涤棉混纺线、涤棉包芯线等。缝纫线的卷装形式有四种：绞线、球线、宝塔线和轴线，如图6—16所示。缝纫机上使用轴线和宝塔线，绞线与球线一般在做手工缝纫时会用到。

图6—16 缝纫线常见卷装形式

1. 手工线

手工缝纫也是服装生产过程中的重要工序，如做线记号、假缝、做线袢、撩边、钉珠片、钉纽扣、锁扣眼等。在选择手工线时，重点需要考虑的是线的材质和粗细要与面料相配伍。一般情况下，做线记号、假缝、做线袢及手工锁扣眼时常用棉线，棉线有单股与双股之分，根据面料的厚薄来选用；撩边常用涤棉线或涤纶线；真丝及仿丝类服装锁扣眼一般用更细的涤纶手工线、真丝手工线；钉珠片以及在做一些薄透服装的撩边时，常常会用钓鱼线；钉纽扣可用涤棉线、钉扣专用线、麻线等。

2. 缝纫机线

目前缝纫机上使用的线主要有轴线和宝塔线两种卷装形式。轴线是指将缝纫线缠绕在圆柱轴芯上（有木芯和纸芯两种），形成圆柱形卷装形式的缝纫线，其线长一般在 50 ～ 1 000 米之间，这种卷装形式适宜家用缝纫机和手工缝纫。宝塔线是指将缝纫线缠绕在宝塔筒上，形成宝塔型卷装形式的缝纫线，其卷装容量较轴线大，卷绕长度在 4 000 ～ 11 000 米之间。由于宝塔状的缠绕方式有利于缝纫时的快速旋转，且卷绕容量大，不需经常换线，因此宝塔线多作为工业缝纫机和包缝机的缝纫用线。

（1）棉线　棉缝纫线简称棉线，是以普通棉纱或精梳棉纱为原料，经合股加捻和炼漂、上浆、打蜡等工艺加工而成的缝纫线。由于棉纤维没有软化点与熔融点，故棉线具有较好的耐热性，缝纫时能经受较高的针温，适用于在高速缝纫机上使用。但其牢度一般，缩水率较大，弹性与耐磨性较差，因此主要作为棉织物、皮革服装的缝纫用线。棉线按加工工艺不同分为无光线、蜡光线和丝光线三种。

1）无光线　无光线是没有经过烧毛、丝光、上浆等工艺处理的棉缝纫线，它基本上保持了原棉纤维的特性，表面有毛绒，光泽暗淡，因此又称为毛线。无光线有本白、漂白和染色三种，线质柔软坚韧，延伸性较好，伸长率约为 6%，但由于表面粗糙，摩擦阻力较大，所以适用于手工或低速缝纫。无光线的常用规格及用途见表 6—10。

表 6—10　无光线常用规格及用途

规格 tex（英支） tex × 股数（英支数 / 股数）	捻度（t/10 厘米）	用途
18 × 3（32/3）	67 ～ 71	棉服、钉扣、锁眼、制鞋
18 × 6（32/6）	60 ～ 64	钉扣、锁眼、制鞋
14 × 3（42/3）	75 ～ 79	服装拷边、草帽与枕席缝边
14 × 5（42/5）	56 ～ 60	印染缝布接头、布鞋鞋帮
9.5 × 4（60/2 × 2）	70 ～ 79	轻薄型棉织内衣衫、裤

2）蜡光线　蜡光线又称“洋线”，多为普梳棉纱股线经上浆打蜡而成，其表面光滑，线身硬挺，摩擦力小，适用于牢度大、耐磨能力强的服装服饰品的缝制。蜡光线的常用规

格及用途见表 6—11。

表 6—11 蜡光线常用规格及用途

规格 tex（英支） tex× 股数（英支数 / 股数）	捻度（t/10 厘米）	用途
10×6（60/6）	52～56	帽子、背包、鞋、装订
14×3（42/3）	75～79	服装、鞋帽
18×3（32/3）	67～71	劳保服装、薄帆布、装订
18×5（32/5）	55～59	旅行袋、书包、皮革、胶鞋
28×6（21/6）	47～51	帆布、鞋帮、装订

3）丝光线 丝光线多为精梳棉纱股线，经丝光、烧毛等工艺处理而成，其强度比无光线高，在棉线中缩水率最低，约为 1.5%～2%，伸长率在 4% 左右。丝光线线质柔软、美观，适用于缝制中、高档棉制品。丝光线的常用规格及用途见表 6—12。

表 6—12 丝光线常用规格及用途

规格 tex（英支） tex× 股数（英支数 / 股数）	捻度（t/10 厘米）	用途
7.5×3（80/3）	108～112	薄型棉织衫、裤
7.5×4（80/4）	90～94	薄型棉织衫、裤
10×3（60/3）	93～96	各种棉织衫、裤
10×4（60/4）	52～56	卡其、灯芯绒服装
12×6（50/6）	86～90	厚棉织衣、裤
14×3（42/3）	75～79	内外衣拷边、衬衣、裤
19.5×2（30/2）	82～86	拷边、衬衣、裤

（2）丝线 丝线是以桑蚕丝为原料，经合股加捻而成的缝纫线。丝线具有表面光滑、质地柔软、光泽明亮柔和、弹性和耐热性好的特点，但其缩水率较大。丝线也有粗细之分，粗线主要用于做呢绒和毛皮服装的缝纫线及锁眼线，细线则多用于做丝绸服装的缝纫线和刺绣用线。

（3）涤纶线 涤纶线是以涤纶纤维为原料制成的缝纫线。涤纶线性能优良，其强度、耐磨性仅次于尼龙线，在各类缝纫线中居第二位；缩水率较小（约为 0.4%），线迹平挺美观无皱缩；在 –40℃低温或 120～130℃高温环境中，强度无显著下降；并且具有不霉不蛀、耐光、耐酸等特点，所以涤纶线是用途极为广泛的缝纫线品种。涤纶线按原料的不同，可分为涤纶短纤维缝纫线、涤纶长丝缝纫线和涤纶低弹丝缝纫线三大类。

1）涤纶短纤维缝纫线　涤纶短纤维缝纫线是以涤纶短纤维为原料，经合股加捻制成的缝纫线，其外形与棉线相似，故又称仿棉型涤纶线。涤纶短纤维缝纫线的性能优良，其线质柔软，具有较高的强力和耐磨性，是目前使用最广的一种缝纫线。涤纶短纤维缝纫线的常用规格及用途见表6—13。

表6—13　涤纶短纤维缝纫线常用规格及用途

规格 tex（英支） tex× 股数（英支数 / 股数）	捻度（t/10 厘米）	用途
7.5×3（80/3）	84～88	各种薄型涤 / 棉织物、化纤织物
8.5×3（70/3）	82～86	涤 / 棉布、花布及各种薄型化纤织物
10×3（60/3）	80～82	各类棉、涤 / 棉、化纤服装及中长款服装等，是最常用的服装缝纫用线
12×3（50/3）	78～82	涤卡与较厚的混纺织物、中长织物等

2）涤纶长丝缝纫线　涤纶长丝缝纫线以涤纶长丝加工而成，强度较涤纶短纤维缝纫线高，是一种高强低伸的缝纫线，有丝质光泽，线质柔软，可缝性好，线迹挺括，价格低，实用性优于蚕丝缝纫线，适合缝制对缝线强度要求较高的产品，主要用于缝制皮鞋、拉链、皮革制品、滑雪衫、手套等。

3）涤纶低弹丝缝纫线　涤纶低弹丝缝纫线以低弹涤纶变形长丝加工而成，弹性较好，可与弹性织物相匹配，针迹美观，主要用于缝制弹性织物、针织涤纶外衣、运动服装等。

（4）锦纶线　锦纶线是指以锦纶纤维为原料制成的缝纫线。锦纶线弹性、强度、耐磨性优良，主要用于缝制弹性织物。常用的锦纶线有锦纶弹力丝缝纫线和锦纶透明缝纫线。

1）锦纶弹力丝缝纫线　锦纶弹力丝缝纫线以锦纶变形长丝加工而成，线质光滑，有丝质光泽，弹性好，耐磨，强力高，主要用于缝制针织物、文胸、内衣裤、游泳衣、丝袜、紧身衣裤等伸缩性较大的弹性织物。

2）锦纶透明缝纫线　锦纶透明缝纫线以锦纶长丝加工而成，线质较硬，弹性好，耐拉耐磨，不易断裂，主要用于挑边、游泳衣、鞋包、窗帘、商标标签、帐篷等的缝制。

（5）涤棉线　涤棉线以涤棉混纺纱线加工而成，兼有涤、棉两者的优点，其强度约为棉线的1.4倍，而缩水率仅为0.5%左右，具有良好的韧性、弹性和耐磨性，且缝迹平挺，一般可适应4 000转 / 分钟的工业缝纫机使用。涤棉线品质优良，价格便宜，适用于缝制全棉、涤棉等服装。涤棉线的常用规格及用途见表6—14。

表 6—14 涤棉线常用规格及用途

规格 tex（英支） tex× 股数（英支数 / 股数）	用途
8.5×3（70/3）	薄型高档棉织物、涤 / 棉衬衣、针织品拷边
10×3（60/3）	针织棉毛衫裤、内衣裤、化纤织物
13×3（45/3）	卡其、灯芯绒、厚织物

3. 缝纫线、针、面料的配合

缝纫线、针与面料的合理配合对确保产品质量是非常重要的，必须要根据面料的质地选择恰当的缝纫线与缝纫针，否则在缝制过程中就可能产生断线、针迹收缩、跳针等病疵。表 6—15 为常用服装面料所适合的缝纫线、针的规格。

表 6—15 常用服装面料与缝纫线、针的配合

<table>
<tr><th rowspan="2">类别</th><th rowspan="2" colspan="3">缝纫线、针规格
面料品种</th><th colspan="2">缝纫线</th><th rowspan="2">缝纫机针（号）</th><th rowspan="2">手工针（号）</th></tr>
<tr><th>材质</th><th>号数（s）</th></tr>
<tr><td rowspan="16">机织面料</td><td rowspan="6">棉型、麻型</td><td rowspan="2">薄料</td><td rowspan="2">如府绸、薄纱布等</td><td>棉线</td><td>80</td><td rowspan="2">9、7</td><td rowspan="2">8、9</td></tr>
<tr><td>涤纶线</td><td>90</td></tr>
<tr><td rowspan="2">普通布</td><td rowspan="2">如平布、斜纹布、贡缎等</td><td>棉线</td><td>60</td><td rowspan="2">11、14</td><td rowspan="2">7、8</td></tr>
<tr><td>涤纶线</td><td>60、90</td></tr>
<tr><td rowspan="2">厚布</td><td rowspan="2">如牛仔布、平绒、灯芯绒、帆布等</td><td>棉线</td><td>50</td><td rowspan="2">14、16</td><td rowspan="2">5、6、7</td></tr>
<tr><td>涤纶线</td><td>60</td></tr>
<tr><td rowspan="4">真丝、化纤</td><td rowspan="2">薄料</td><td rowspan="2">如绡、乔其纱、雪纺纱、塔夫绸、纺类、双绉、绢类等</td><td>真丝线</td><td>100</td><td rowspan="2">11、9、7</td><td rowspan="2">9</td></tr>
<tr><td>丝光线
涤纶线</td><td>80</td></tr>
<tr><td rowspan="2">厚料</td><td rowspan="2">如锦缎类、重磅绸、软缎等</td><td>丝光线</td><td>50</td><td rowspan="2">11、14</td><td rowspan="2">8、9</td></tr>
<tr><td>涤纶线</td><td>50、60</td></tr>
<tr><td rowspan="4">毛型织物</td><td rowspan="2">薄料</td><td rowspan="2">如旗纱、薄型毛织物、毛葛等</td><td>丝光线</td><td>90</td><td rowspan="2">11、14</td><td rowspan="2">7、8</td></tr>
<tr><td>涤纶线</td><td>60</td></tr>
<tr><td rowspan="2">中厚、厚料</td><td rowspan="2">如华达呢、粗纺呢绒、立绒、长毛绒、驼绒等</td><td>涤纶线</td><td>50</td><td rowspan="2">14、16</td><td rowspan="2">5、6、7</td></tr>
<tr><td>涤棉线</td><td>45、50</td></tr>
</table>

续表

类别	缝纫线、针规格 / 面料品种		缝纫线		缝纫机针（号）	手工针（号）
			材质	号数（s）		
针织面料	薄料	如经平、纬平、罗纹等	针织物专用有弹性缝纫线		11、9、7	8、9
	厚料	如双面针织物、起绒针织物等			11、14	8
备注	1. 缝纫线的号数表示其公支数，缝纫线号数越大，线越细 2. 缝纫机针号数越大，针越粗 3. 手工针号数越大，针越细					

二、工艺装饰线

工艺装饰线是指在服装、服饰品、家纺等产品中以装饰功能为主的专用线。根据原料和用途的不同，可以把工艺装饰线分为绣花线、编结线和金银线三类，如图 6—17 所示。

丝光棉绣花线

人造丝绣花线

桑蚕丝线绣品

毛线绣品

编结服饰

金银线

图 6—17 工艺装饰线

1. 绣花线

绣花线是工艺装饰线中的主要品种，是一种专供刺绣用的装饰线。刺绣是中国古老的手工技艺之一，已经有2 000多年历史。我国幅员辽阔，刺绣工艺大约在明末清初逐渐形成不同的地方体系，尤其以苏、粤、蜀、湘等地的刺绣最为突出，被誉为中国的“四大名绣”，其他还有京绣、瓯绣、鲁绣、闽绣、陇绣和少数民族刺绣工艺如苗绣、羌绣等。刺绣不仅有强烈的装饰效果，还蕴含着丰富的文化内涵，在生活和艺术装饰等方面运用广泛，如服装、床上用品、台布、戏剧、艺术品装饰等。绣花线品种很多，根据原料的不同可分为棉线、人造丝线、桑蚕丝线、毛线等，应用时主要根据设计风格、面料、用途、价格与工艺要求等进行选择。

（1）棉线　刺绣用棉线一般是经过丝光处理的丝光棉线，以增强绣线的光泽，但仍没有丝质刺绣的光泽明亮。棉刺绣线的牢度和耐磨性比丝质刺绣线好，适用于家居布艺、较厚实的面料及休闲风格服饰等。

（2）人造丝线　人造丝刺绣线光泽明亮，色彩艳丽，色谱齐，价格相对较便宜，是使用非常广泛的刺绣线，主要用于中、薄型织物的手绣与机绣，适用于各类服饰、家居用品。但人造丝线强度不高，耐磨性也不好，绣品不宜多洗。

（3）桑蚕丝线　桑蚕丝线光泽柔和、丝线纤细，更适合于表现层次丰富、施针要求非常细腻的绣品，且价格较贵，常用于中高端服饰品、艺术品。

（4）毛线　毛线毛感强，线体较粗，刺绣线条粗犷立体，具有独特的美感，常用于厚型织物的手绣，如毛衣、家居用品、壁挂等。

2. 编结线

编结线又称工艺绞线、工艺编结线，是专供手工编结各类装饰工艺品和实用工艺品用的绞装色线。编结线有麻线、棉线、人造丝线、涤纶丝线等品种，如图6—18所示。

麻绳编结凉鞋

棉绳编结壁挂

丝线编结项链

图6—18　编结线

3. 金银线

金银线是指闪烁金属光泽的装饰线，主要以聚酯薄膜为基底，用真空镀膜技术在其表面镀上一层铝，再覆以颜色涂料层与保护层，最后切割成细条制成。采用不同的涂层颜色，可获得金、银、变色及五彩金银线等品种。金银线柔软光亮，色彩鲜艳，装饰性强，广泛用于各类服装、商标、花边、服饰品、工艺品等产品。

三、线类材料选配注意事项

1. 缩水率要匹配

缝纫线的缩水率要与面料的原料相匹配，以避免因缝纫线与面料的缩水率不同而引起服装外观起皱。一般应选择同种或缩水率与面料相近的缝纫线。

2. 色泽宜一致

缝纫线与面料的色泽宜一致，除特殊装饰要求外，一般应尽量选用相近的色泽，且宜深不宜浅。

3. 质地要匹配

缝纫线与面料的质地要匹配。如弹力面料应选用弹力缝纫线；消防服应选用耐热、阻燃和经防水处理的缝纫线；厚面料应选用粗的缝纫线，轻薄面料宜选用较细的缝纫线。

4. 功能应相符

缝纫线的选用应与其功能相配，如肩线、裆线应选用强度高的缝纫线，扣眼线应选用耐磨性好的缝纫线，而包缝线则应选取蓬松性能较好的缝纫线。

5. 档次相匹配

缝纫线的质量、价格应与面料档次相匹配。根据国家标准规定，缝纫线分为一等品、二等品和等外品三种。高档面料的服装可选用质量好、价格高的缝纫线，反之则选取中、低档的缝纫线。

自测园地

1. 说说下面布料应该使用什么缝纫线与机针。

真丝乔其纱 棉细平 牛仔布 粗花呢

2. 缝纫线有哪些品种？各自的特点及用途是什么？

3. 刺绣线有哪些品种？各自有什么特性？

4. 选择缝纫线时应注意什么？

知识拓展

防火缝纫线

各种火灾现场，我们总会看到消防救援人员穿着藏蓝色防护服冲进火场救援，正是这身特殊服装的保护，使消防人员身体少受伤害。同学们是否知道缝制这类服装要用什么缝纫线呢？对，就是防火缝纫线！

防火缝纫线的种类较多，常用的有芳纶纤维防火缝纫线、高硅氧防火缝纫线、玻纤防火缝纫线、金属离子防火缝纫线、防静电防火缝纫线等。防火缝纫线可用于耐高温纤维织物的缝制，如消防服、防火耐高温手套、防火被、防火耐高温密封圈、保温隔热毯等。防火缝纫线可长期在1 000℃环境下正常使用，具有抗拉强度高、耐高温、绝缘、防火阻燃、耐腐蚀、耐老化、防静电、外观光滑、易加工等优良特性。

不过，防护服虽然具有优良的阻燃性能，但它在火焰中仍能燃烧，只有离开火焰才可停止燃烧，因此不可以将其作为防火服、避火服等使用，且禁止在高温、化学、生物、辐射、电气场合使用，在灭火作战中连续穿着时间不宜超过1小时。

第六节 紧扣材料

紧扣材料主要是指服装上的纽扣、拉链、钩、环、绳、带及搭扣等辅料。它们在服装中除了有扣紧、开合服装部件的作用外，还有很强的装饰作用，是一类重要的服装辅料。

一、纽扣

纽扣的基本功能是用于扣紧和开合服装的部件，在服装中纽扣所占的成本很低，但对提高服装档次的贡献却不可忽视，配置得当往往会起到画龙点睛的作用，因此纽扣又有服装的“眼睛”之称，是一种应用广泛的、重要的服装辅料，如图6—19所示。

图6—19 服装与纽扣

1. 纽扣的种类

纽扣的种类繁多，且有不同的分类方法。纽扣按原材料不同可分为合成材料纽扣、天然材料纽扣、组合纽扣和金属材料纽扣四大类；按扣眼可分为明眼纽扣和暗眼纽扣两种。其中明眼纽扣又有二眼和四眼之分，暗眼纽扣也有不带柄和带柄之分。不带柄的暗眼纽扣，其孔眼通常打在纽扣的背面，每颗纽扣只有一个孔眼，多用于女式服装；带柄的暗眼纽扣，其孔眼打在凸出的纽扣柄上，多用于布质较厚的服装及职业服装。

（1）合成材料纽扣　合成材料纽扣是用高分子材料加工制成的纽扣，是目前产量最大、品种最多、应用最为广泛的一类纽扣。其优点是纽扣的色泽鲜艳，造型丰富，物美价廉；缺点是耐高温的性能不及天然材料纽扣，并且因为是高分子合成材料，容易污染环境。

（2）天然材料纽扣　天然材料纽扣就是用天然材质如珍珠、贝壳、竹木、牛骨、椰壳等加工成的纽扣。

（3）组合纽扣　组合纽扣是指由两种或者两种以上不同的材料通过一定的方式组合而成的纽扣，常见的有 ABS 电镀 + 尼龙件组合纽扣、ABS 电镀 + 金属件组合纽扣、ABS 电镀 + 树脂件组合纽扣及金属—环氧树脂组合纽扣等。

（4）金属材料纽扣　金属材料纽扣又可分为两大类：一类是以金属为原料制成的纽扣，如电化铝扣、四件扣、子母扣等；另一类为电镀金属纽扣，是指在塑料、树脂纽扣外面电镀上各种不同金属的镀层，形成外观酷似金属的电镀纽扣。金属纽扣不仅仅只是衣物上的扣合工具，它还有很强的装饰效果，因此广泛地应用于各类服装、服饰、鞋帽、箱包等。金属扣件品种繁多，其常用品种及用途见表 6—16。

表 6—16　金属扣件常用品种及用途

类别	品名	形状	用途
金属扣件	手缝裤钩	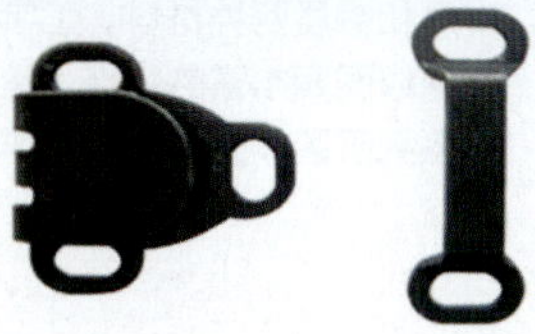	由两件构成，主要用于西裤裤腰、裙腰
	机钉裤钩	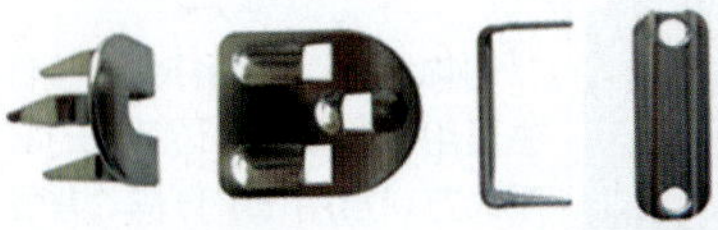	由四件构成，主要用于西裤裤腰、裙腰
	无影扣（风纪扣）	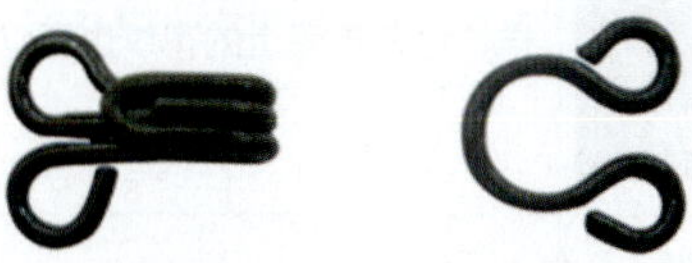	由两件构成，安装在服装后不容易被发现，所以叫无影扣，常用于领口、腰头、文胸后翼等部位
	按扣		材质有金属、塑料，常用的按扣有大、中、小三种规格。大号用作沙发套、被褥套、棉大衣等的扣件；中号用作外套、棉衣、枕头的扣件；小号用作单衣、内衣和童装的扣件
	五爪扣	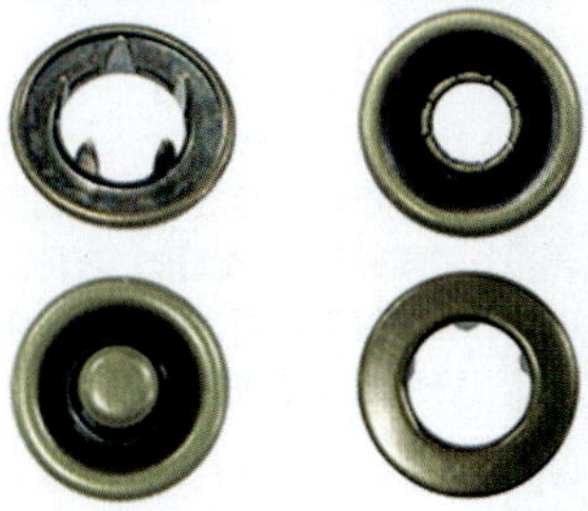	装订牢固方便，开合自如，坚固耐用，耐高温、耐高压，不褪色、不变形，能在洗衣机内洗涤，且有良好的通用互换性。可做童装、衬衫、裙装、针织服装等的扣件

续表

类别	品名	形状	用途
金属扣件	四合纽	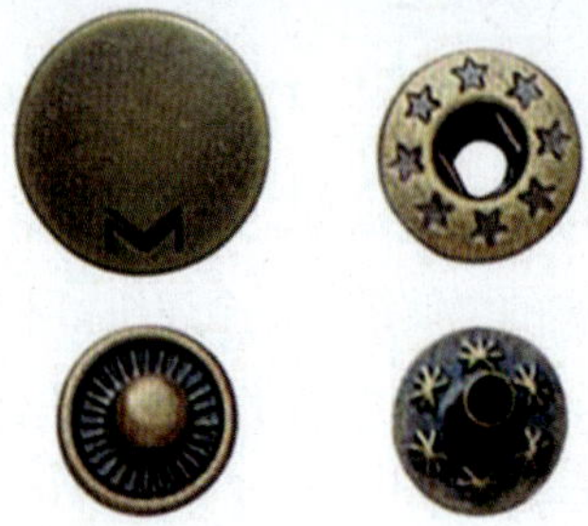	又称弹簧四合纽，具有耐磨、耐高温和耐高压的性能，表面有丰富的图案色彩，可压印品牌、商标及行业标识，美观大方，不变形，适用性广泛。适用于非伸缩性衣料服装的扣件和装饰用。如夹克、T恤衫、牛仔服、工作服、制服、滑雪衫、羽绒服等
	工字扣		又称牛仔扣，由面扣和底铆钉组成，一般用铁质和铜质两种材料。工字扣具有装订牢固、表面花纹图案丰富的特点，常做具有青春气息的牛仔系列服装、童装以及工作服等的扣件
	撞钉		俗称铆钉，由撞钉帽和撞钉钉两个部分组成。主要用于较厚面料边角处的缝合，使衣物更加美观大方，常用在牛仔裤、背包、上衣口袋等一些服装服饰上。撞钉的形状、大小、颜色多种多样，钉在产品上的花纹也可以设计成多种多样
	鸡眼	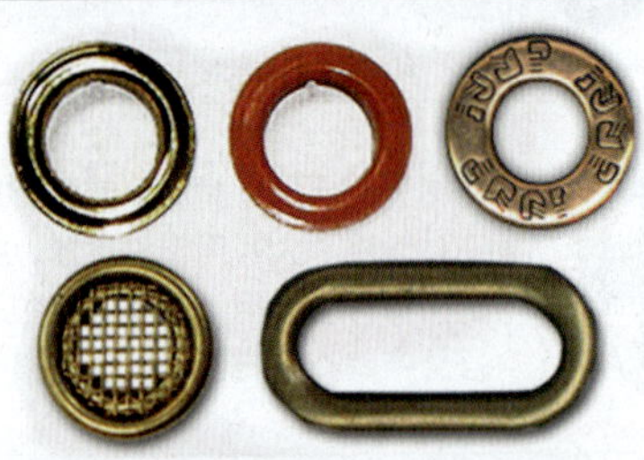	又称气眼、鞋眼，其造型为圆形或异形，中间有大面积的孔，起到透气、穿绳及装饰作用。用途非常广泛，各类服装、箱包、手袋、鞋帽、包装等上面经常使用
	登山扣		采用铝合金或铁或不锈钢制成，有多种形状，如圆环形、跑道形、方形、三角形等。铝合金登山扣具有轻便、防腐蚀、防锈等优点，主要在体育用品领域应用广泛

续表

类别	品名	形状	用途
金属扣件	吊钟绳扣		又叫弹簧扣，有铜、合金、塑酯等材质，主要用在服装、包袋抽绳处，起抽缩功能。形态多样，有圆形、方形、柱形等
	手缝金属扣		具有精致美观、防水、耐磨、强度高、经久耐用等特点，广泛用于各类时装、制服、大衣等服装服饰产品上
电镀金属扣	塑料电镀纽扣		外观、色泽酷似所镀的金属，有仿金、仿银、仿铜及仿古铜等色泽，具有较强的装饰感。电镀纽扣的质地较轻，外观富贵、庄重，多用作男、女外衣的扣件

除此之外，还有皮质纽扣、布类纽扣及其他装饰性纽扣等。皮质纽扣是以皮革为原料加工成的皮革纽扣，或在金属纽扣外嵌包皮革制成的纽扣。其质感丰满厚实，质地坚韧耐用，主要用于做猎装、皮革服装的扣件。布类纽扣可分成包布扣和盘花扣两种。包布扣又称包纽，它是用服装面料的边角料包覆胶木纽扣后，再用手工针缝成或用包纽机压制而成。其特点是纽扣的颜色与衣服统一协调，但耐磨性比较差，易磨坏，多用于女装及外装的扣件。盘花扣常采用服装面料的边角料或绒类织物盘结而成，由纽头和纽袢两部分组成。盘花扣富有民族特色，具有较强的装饰性，是我国传统中式服装所用的纽扣。

2. 纽扣的规格

纽扣的规格常用号（Lines）来表示，缩写为“L”。纽扣的型号（L）与纽扣外径尺寸的换算公式为：纽扣外径（mm）=0.635 L。

在服装制板时，设计师需要事先确定好服装上纽扣的大小，因为这直接关系到纽眼的大小。如果纽扣与纽眼的尺寸不配合，就会导致使用时扣合不方便。因此，纽扣的大小必须与服装的风格、面料的材质、穿着方式等相适应。

二、拉链

拉链拉合、拉开方便快捷，牢固不易脱落，主要在服装、鞋、帽、箱包、家纺用品等物品上作为开合功能的配件，有时也会根据设计的需要，弱化其实用功能，用作装饰配件。

1. 拉链的结构

拉链由带布、链牙、拉头、上下止、拉片、拉头锁等主要部件组合而成，如图 6—20 所示。

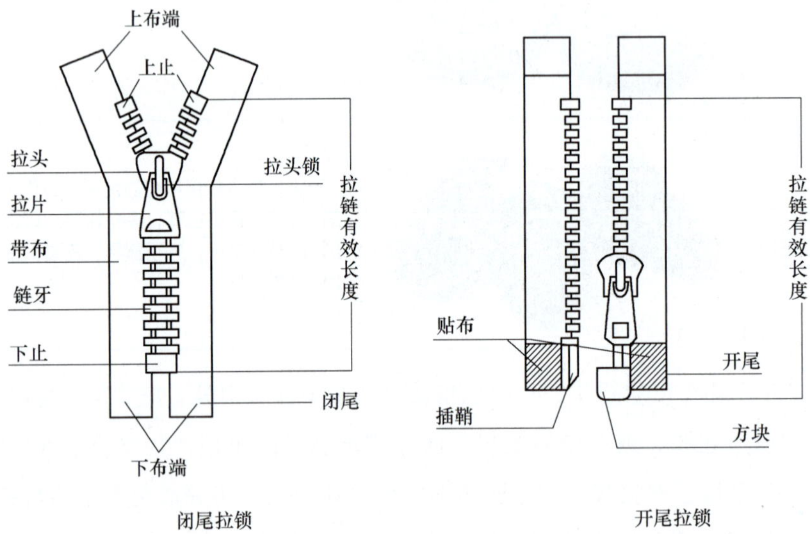

图 6—20 拉链结构图

2. 拉链的种类

拉链的种类如图 6—21 所示。

（1）按链齿所用原料的不同，拉链可分成金属、树脂和尼龙三大系列。

（2）按边布材质与组织结构的不同，拉链可分为网面带与布面带两种，边布的材质有纯棉和化纤两大类。边布的材质、结构要与服装面料的缩水率、厚薄相适应。如轻薄型面料宜用轻薄的网面拉链；面料粗犷厚实、需要较高啮合强度的牛仔服、箱包等，常用金属拉链；纯棉面料宜用纯棉布边拉链；需要防水的户外运动服宜用有防水涂层的拉链；家纺用品常用码装拉链。

（3）还可按型号对拉链进行分类。拉链的规格是用两个链牙啮合后的宽度范围来表示的，它的计量单位是毫米（mm）。不同型号拉链啮合后链牙的宽度范围见表 6—17。号数越大，表示拉链的链牙越粗，链牙啮合的强度也越大。选用不同规格的拉链，链牙啮合后的宽度就不同，服装样板处理就不同。

纯棉布边金属拉链　化纤布边树脂拉链　化纤布边尼龙拉链

网眼边隐形拉链　防水涂层拉链　码装拉链

图 6—21　拉链的种类

（4）按开口形式的不同，拉链可分为开口拉链、闭口拉链、双开口拉链和双闭口拉链四种，如图 6—22 所示。

表 6—17　不同型号拉链啮合后链牙的宽度范围　　单位：毫米

材质 \ 宽度范围 \ 型号	2	3	4	5	6	8	9	10
金属	3.5	4.5	5.2	6.0	—	7.8～8.0	—	9.0
尼龙	3.5～3.8	4.0～4.8	5.0	5.8～6.0	6.6～6.7	7.2～7.3	8.0～8.1	9.0～10.5
树脂	—	4.5	5.3	6.0	6.7	8.0	—	9.0

3. 拉链在服装上的运用

拉链是服装的重要辅料。随着服装面料材质的变化、款式的日新月异、服装多种功能的要求以及流行趋势的变化，就需要各式各样的拉链与服装配合，以获得与服装主料间的相容性、和谐性、装饰艺术性和经济实用性，如图 6—23 所示。生产中，在选择拉链时应从拉链的材质、强力、色泽、使用功能以及装饰性等方面考虑。表 6—18 为常用拉链的规格及使用范围。

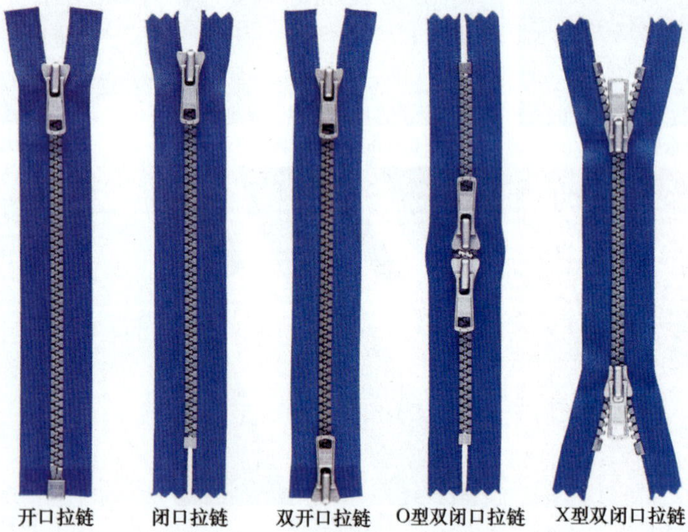

图 6—22　拉链的开口形式

图 6—23　拉链在服装上的运用

表 6—18 常用拉链规格及使用范围

拉链用途 \ 我国拉链型号（#）	2	3	4	5	6	7	8	9	10	11	树脂拉链	
											20	30
女内衣、裤、裙	■	■										
西装裤、童装	■	■	■									
连衣裙、罩衫、外套			■	■								
工作服、作训服、牛仔服、鞋子				■	■							
帽子、手套、箱包内袋、鞋子		■	■									
皮包、箱包外袋、靴子、夹克				■	■							
滑雪衫、羽绒服				■	■	■	■					
呢大衣、皮大衣					■	■	■					
帐篷、汽车罩袋						■	■	■	■	■		
特殊用途（如夸张装饰用）											■	■

三、松紧带、绳带、尼龙搭扣及其他装饰扣件

1. 松紧带

松紧带又叫弹力线、橡筋线，具有很好的弹性，广泛用于服装袖口、下摆、文胸、裤腰、束腰、鞋口，以及体育护身和医疗绷扎等方面。松紧带按织造方法不同，可分为机织松紧带、针织松紧带和编织松紧带，如图 6—24 所示。

机织松紧带　针织松紧带　编织松紧带

图 6—24 松紧带的种类

（1）机织松紧带　机织松紧带是用棉线、化纤线和弹性丝（包括橡胶丝、乳胶丝、氨纶丝等）作为原料织造而成的松紧带。机织松紧带带身紧密，弹性好，主要用于服装、鞋帽等需要有弹性的部位，也可用在医务、劳动保护、军工等物品上。其主要品种有罗纹带、

文胸肩带、袜带、医用绑带等。

（2）针织松紧带　针织松紧带采用经编衬纬方法织造，它将橡胶丝包覆在编链中。针织松紧带能织出各种小型花纹、彩条和月牙边，质地疏松柔软，原料多数采用锦纶弹力丝，产品大多用于服装、文胸、内裤、长筒弹力袜口等需要松紧处，也可做头带、腰带及护腕等。

（3）编织松紧带　编织松紧带又称锭织松紧带、走马松紧带，经线通过锭子围绕橡胶丝按“8”字形轨道编织而成。带身纹路呈人字形，一般比较狭窄，带宽一般为 0.3 ~ 2 厘米，质地介于机织松紧带和针织松紧带之间，花色品种比较单调，多用于薄型服装需要松紧处。

2. 绳带

绳带在服装上出现很早，甚至在服装还没有正式出现以前，人类祖先就懂得以兽皮或布料缠裹在腰间或使用皮革或藤条来系扎兽皮包裹身体。在我国古代，人们穿着衣服最早是不用纽扣的，通常是以带束衣，谓之“衿”。早期服装中，绳带起着连接和绑束衣片的作用，达到实用与保暖的目的。在现代服装设计中，绳带在满足实用功能的同时，更具有非常重要的装饰作用。绳带使用的范围极其广泛，服装服饰、鞋帽、包袋等产品上都经常出现绳带的踪影，而发带、颈带、吊带、腰带、裙带、绑腿、鞋带等的样式就更为丰富多彩。

3. 尼龙搭扣

尼龙搭扣又叫魔术贴，是由尼龙钩带和尼龙绒带两部分组成的连接用带状织物。钩带和绒带复合起来略加轻压，就能产生较大的扣合力。尼龙搭扣广泛应用于服装、背包、帐篷、降落伞、窗帘、沙发套等，可用以代替拉链、揿纽、纽扣等连接材料。

绳带、尼龙搭扣的应用如图 6—25 所示。

装饰绳　　硅胶夜光鞋带　　尼龙搭扣

图 6—25　绳带、尼龙搭扣的应用

4. 其他装饰扣件

各类装饰扣件在服装、箱包、鞋帽等服饰品上的运用非常广泛，它们既有实用的功能，也有非常强的装饰效果。通过设计师创造性的搭配使用，装饰扣件往往起到画龙点睛之效。装饰扣件的种类繁多，常见的有对扣、卡扣、鸭嘴扣、日字扣、D字扣、葫芦扣等，如图6—26所示。

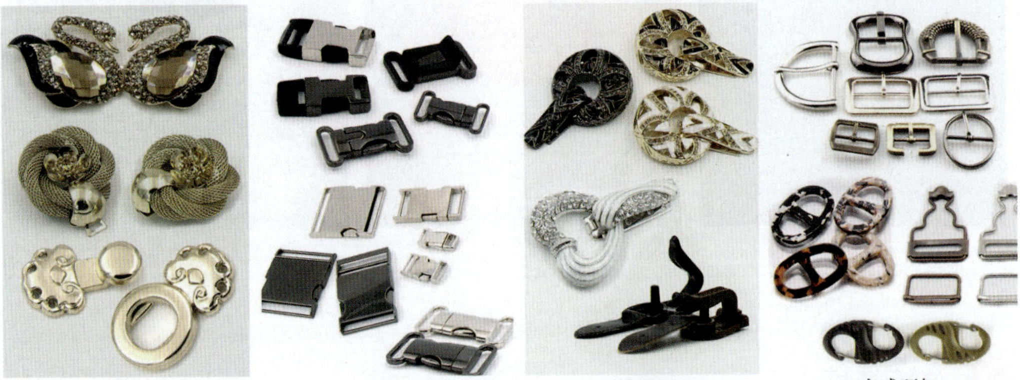

对扣　卡扣　鸭嘴扣　各式环扣

图6—26 形式多样的装饰扣件

自测园地

• 知识回顾

1. 什么叫紧扣类材料？它们在服装中的作用是什么？
2. 紧扣类材料有哪些种类？它们各自有什么特性？

• 拓展训练

学习完本节内容后，相信同学们对于服装所用到的紧扣类材料有了一定的了解。请同学们下课后翻看一下自己的服装，看一看你的服装上用到了几种类型的紧扣件，然后填写下表。

服装	紧扣件种类	规格	缝制部位

• 深入思考

谈谈从下列设计作品中你得到的启发。

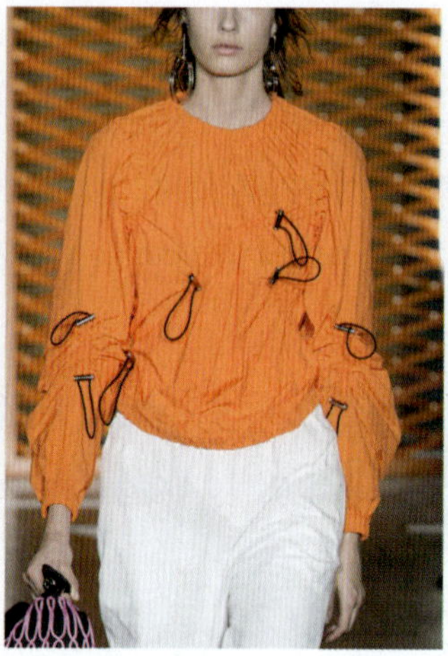

知识拓展

拉链的强度直接关系到服装的使用寿命，因此生产前对拉链进行测试是产前准备工作中一个非常重要的内容，具体的检测项目与方法见下表：

测试项目	方法	说明
平拉强力测试	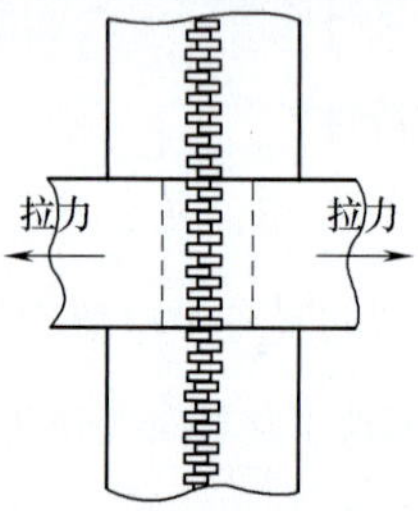	用于测试拉链链牙在啮合状态下抵抗横向作用力的能力，这是服装在使用过程中最常遇到的作用力方向
上止强力测试	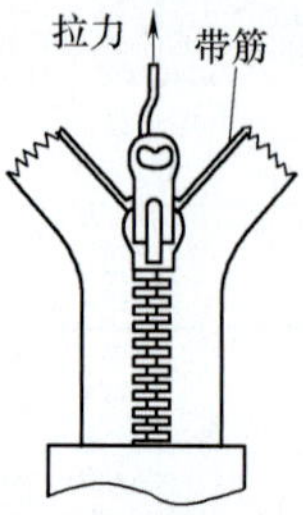	将拉头拉到上端止口，向上牵拉拉头，测量上止的强力。这是模拟拉链在握持状态下，拉头被向上拉扯时，上止抵抗外力不被拉脱落的能力
下止强力测试	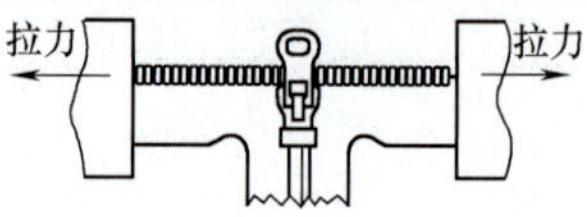	将拉头拉至下端止口，横向牵拉左右链布，从而测量下止抵抗破坏的能力

续表

测试项目	方法	说明
开尾平拉强力测试	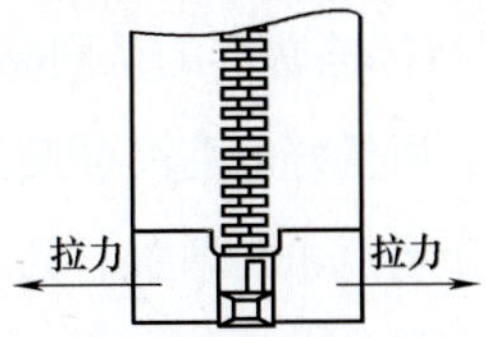	将拉链的链牙互锁，横向牵拉开尾拉链的尾部，以测试开尾拉链插管和插座抵抗外力破坏的能力
拉头自锁强力测试	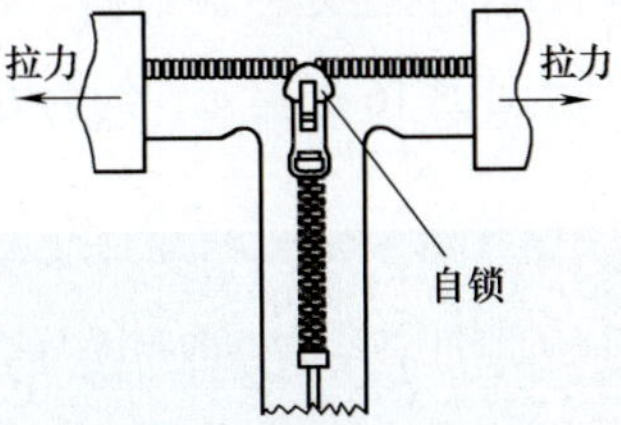	拉头在链牙的中间被自锁，然后拉伸左右两边链带，以测试拉头锁锁定的强力和拉头内部构件抵抗外部破坏力的能力
拉头、拉片结合强力测试	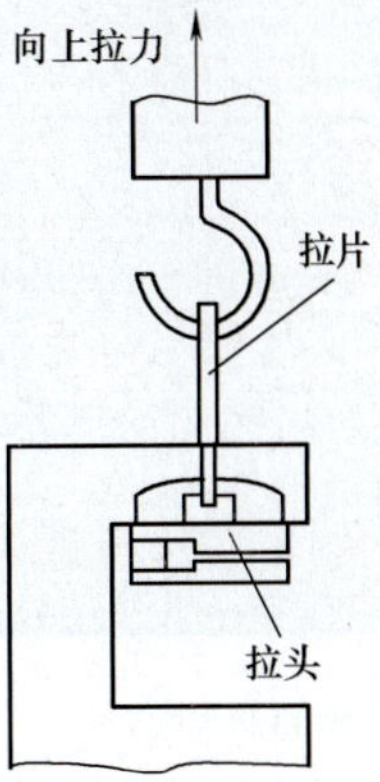	以垂直于拉头的方向牵拉拉片，直到拉片与拉头分离为止，此时所需要的力就是拉头与拉片的结合强力

第七节 商标和标识

一、商标的相关概念

1. 商标

商标是用以区别品牌或服务的标识，一般由单纯、显著、易识别的文字、图形、字母、数字、颜色等要素组合而成，具有鲜明的特征，蕴含着品牌的个性、情感及文化等特性，是现代经济的产物。商标企业通过商标将自己的商品与他人的商品区别开，以方便消费者在市场上识别、选择、购买。各个品牌都具有自己独特的品牌标识，通过这些显而易见的标识，向公众持续传达品牌的形象与内涵，获得目标消费群的认同感和吸引潜在消费群。图 6—27 所示为美国著名牛仔裤 Lee 的品牌标识。质量好的商品会使其商标的知名度不断扩大，知名度高、信誉好的商标又会使该商品的市场竞争力增强。因此，商标是企业的无形财产，具有一定知名度的商标更是如此，有的商标甚至是巨额财富。如世界著名奢侈品牌香奈儿（CHANEL），其品牌价值 2017 年估值为 103.16 亿美元，约为 660 亿人民币。

图 6—27　Lee 品牌牛仔裤的品牌标识

2. 注册商标

我国商标法规定，经商标局核准注册的商标，包括商品商标、服务商标和集体商标、证明商标，商标注册人享有商标专用权，受法律保护，如果是驰名商标，将会获得跨类别的商标专用权法律保护。商标一经注册，其他人就不得使用或注册相同内容的商标。注册商标有效期为十年，到期后经申请每次可延长十年，企业不得擅自改动注册内容，经签订合同可以转让注册商标使用权。

3. 中国驰名商标

驰名商标是指在中国为相关公众广为知晓并享有较高声誉的商标。消费者对于驰名商标的认同度高，驰名商标有着巨大的市场价值。认定驰名商标有三个条件：优良质量名牌商标、较高的知名度、注册商标。驰名商标的认定年限为三年，如认定条件改变，就取消其驰名商标资格。三年后仍具备条件的商标，经审核可继续认定为驰名商标。

二、商标的种类

常见的商标种类有纺织品印制商标、纸制商标、编织商标、革制商标、金属制商标等，如图 6—28 所示。

纺织品印制商标　编织商标　刺绣商标

革制商标　注塑商标　金属制商标　纸制商标

图 6—28　常见商标种类

1. 纺织品印制商标

使用经过涂层处理的纺织品印制的商标称为纺织品印制商标，目前广泛使用的涂层纺织品有尼龙涂层布、涤纶涂层布、纯棉涂层布和涤棉混纺涂层布。通常品牌在选用商标所需材质时，首先考虑的是与服装的风格相适应。而且，同一品牌在不同类别的服装、不同季节的服装常常会使用不同大小、色彩、材质的商标。

2. 纸制商标（又称吊牌）

纸制商标是各类服装上最常用的，商标有正反两面，既可做商标又可将标识的内容印制在反面，还可将品牌文化、品质承诺以及宣传标语印制在上面，起到宣传推广的作用。不干胶标贴也属于此范畴。

3. 编织商标（又称织标）

编织商标一般用涤纶长丝编织而成，通常由文字与图案构成，常用作服装的主标，缝制在服装最明显的部位。

4. 革制商标（又称皮牌）

革制商标以原皮或合成革为原料，用特制的模具，经高温浇烫形成图案，或者是通过印刷形成图案。革制商标一般用在牛仔服、休闲服等上面。

5. 金属制商标

金属制商标是用薄金属板材按图案开出模具，经冷压制成的商标。金属制商标常用于牛仔服、西裤、箱包、鞋子等服装服饰上。

三、标识

1. 服装产品常用标识

服装产品常用标识如图 6—29 所示。

图 6—29 服装产品常用标识

根据国家推荐标准《消费品使用说明 纺织品和服装》（GB/T 5296.4—2012）的要求，纺织与服装产品的使用说明中强制性标识的内容有七项：制造者的名称和地址、产品名称、产品号型或规格、纤维成分及含量、维护方法、执行的产品标准和安全类别。表 6—19 为我国纺织服装产品常用标识说明。其中，产品号型或规格、纤维成分及含量、维护方法这三项标识内容必须采用耐久性标签，如图 6—30 左图所示，其余的标识内容宜采用耐久性标签以外的形式。若产品被包装、陈列或卷折，消费者不易发现产品耐久性标签上的信息时，还应采取其他形式标注该信息，如在吊牌上标注该信息，如图 6—30 右图所示。如果耐久性标签对产品的使用有影响，例如布匹、绒线、袜子、手套等产品，可不采用耐久性标签。如果是团体定制且为非个人维护的产品，可不采用耐久性标签，例如酒店统一采购和维护的床上用品、毛巾等产品。

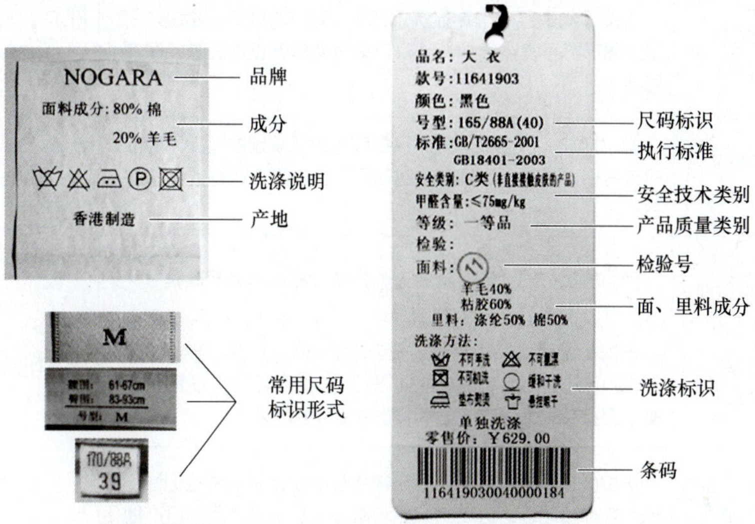

耐久性标签　　吊牌

图 6—30　耐久性标签和吊牌

表 6—19　我国纺织服装产品常用标识说明

类别	标识	说明		标识位置
强制性标识	尺码标识	号型制	用号表示人的身高，型表示人的围度。上装表示胸围，下装表示腰围，表示方式为“号 / 型 + 体型代号”，如 160/84A。在我国服装号型标准中，我国人体体型划分为四类：A（标准体）、B（微胖体）、C（胖体）、Y（瘦体）。这种方式常用于制服、西服、时装	为了方便消费者的选用，尺码标识都缝制在服装最明显的部位，一般上装在后领中部，下装在后腰中部，如后开门的服装，就缝制在服装左侧缝上
		代号制	内销服装常用代号形式：S（小号）、M（中号）、L（大号）、XS（加小号）、XL（加大号）。这种方式常用于合体度不高的休闲类服装	
		胸围制	用服装的胸围或臀围表示服装的规格。这种方式常用于毛衣、内衣等针织服装	
		领围制	用服装的领围来表示规格大小。这种方式主要用于正装男衬衫	

续表

<table>
<tr><th>类别</th><th>标识</th><th>说明</th><th>标识位置</th></tr>
<tr><td rowspan="7">强制性标识</td><td>成分标识</td><td>纺织产品按《纺织品　纤维含量的标识》（FZ/T 01053—2007）的规定标明服装面、里料和主要辅料所用纤维的成分、含量，皮革服装按《皮革工业术语》（QB/T 2262—1996）标明皮革的种类名称</td><td rowspan="2">一般是用布制的标识缝制在服装的左侧缝上以及印刷在服装的纸吊牌上</td></tr>
<tr><td>洗涤说明</td><td>应按《纺织品　维护标签规范》（GB/T 8685—2008）规定的图形符号表述维护方法，以指导消费者正确洗涤、保养服装</td></tr>
<tr><td>产品名称</td><td>国家标准、行业标准对产品名称有术语规定的宜采用标准规定名称，没有术语规定的应使用消费者不会误解或混淆的名称</td><td rowspan="4">常印制在吊牌上</td></tr>
<tr><td>执行的产品标准</td><td>产品所执行的国家、行业、地方或企业的产品标准编号</td></tr>
<tr><td>安全级别</td><td>根据《国家纺织产品基本安全技术规范》（GB 18401—2010）标明产品的安全类别。分为A类（婴幼儿服装）、B类（直接接触服装）、C类（非直接接触服装）</td></tr>
<tr><td>制造者的名称和地址</td><td>纺织品和服装应标明承担法律责任的制造者依法登记注册的名称和地址；进口纺织品和服装应标明该产品的原产地（国家或地区），以及代理商或进口商或销售商在中国大陆依法登记注册的名称和地址</td></tr>
<tr><td>产品等级</td><td>标明产品的质量等级</td><td rowspan="3">常印制在吊牌上</td></tr>
<tr><td rowspan="2">非强制性标识</td><td>条码</td><td>利用条码数字来表示服装的产地、类别等，以方便电子化管理</td></tr>
<tr><td>使用和储藏注意事项</td><td>因使用不当可能造成产品损坏的产品宜标明使用注意事项，有储藏要求的应说明储藏方法</td></tr>
</table>

2. 标识的作用

国际上对优质服装的评价标准有三点，即优质的原料、优质的做工、正确的标识，可见产品标识对于产品的重要性。

（1）为企业生产提供依据　企业从原辅料采购到生产出成衣，每个环节都必须按照标识规定的条件来生产，依据标识来编制使用说明，检验产品。销售人员则可参考标识的内容来确定价格。

（2）指导消费者选择、保养服装 服装上有正确的标识，会给消费者选购服装提供极大的方便。消费者根据标识可以清楚地了解服装的质地、号型、产地等必要信息；消费者也可以以标识内容与服装情况不符为理由进行投诉，更有效地保障消费者的合法权益以及对企业起到监督作用；消费者购买服装后，还可以按标识的指导正确使用、保养服装。

商标是企业重要的无形资产，代表着企业优良的商业信誉，能给企业带来良好的经济效益。标识是如实反映服装质量的依据。如果不正当地使用其他企业的商标或不正确使用标识，企业都会受到相关法律法规的制裁。

四、服装对商标和标识的要求

1. 品牌商标要织纹、印刷清晰，手感软硬适中，与服装互不串色。纸吊牌内容要完整、正确，印墨不掉色、均匀。条形码正确，条码线不粘不断，用识码仪扫描有滴声。

2. 各类标识字迹清晰，内容正确完整，易于理解，不自相矛盾。

3. 用能够理解的商品名来表示纤维成分，如果是混纺织物，混纺比例按照由大到小的顺序排列，混纺比总和应为100%。

4. 正确的洗涤说明，用容易理解的图标和文字表示。

5. 各种标识的位置正确，缝合牢固美观，不歪斜，缝线要配色。

自测园地

1. 请记住以下概念：

   商标 注册商标 驰名商标

2. 纺织产品与服装产品的使用说明中强制性标识的内容有哪些?

3. 根据国家标准规定，内销服装的吊牌上应该标注哪些内容?

4. 什么叫耐久性标签? 服装上哪些使用信息需要用耐久性标签? 耐久性标签一般缝制在什么部位?

5. 看看下面商标，说说它们是什么品牌。有你喜欢的品牌吗? 为什么喜欢这些品牌?

6. 请同学们再从网上查一查这些品牌的历史、风格及产品定位。

知识拓展

激光彩虹全息防伪标识

简单地讲,激光全息图像技术就是一种立体照相技术。“全息”的意思为“全部信息”,即相对于普通照相只记录物体的明暗变化，激光全息照相还能记录物体的空间变化。由于全息图中的色块组合是随机编码的，即使同一设备也很难制出完全相同的全息母版，故激光全息图像被广泛用于制作防伪标识，应用于票证、商标、信用卡等。

彩虹全息图像是以普通全息图像作为拍摄物体，经过一系列程序处理后制成的彩虹全息照片。图像的颜色有单一彩虹、多种彩虹色、真彩色和黑白（消色）四种,图像有二维、三维、多重与动态成像。

激光彩虹全息图像由于综合了激光、精密机械和物理化学等学科的最新成果，技术含量高，对多数小批量伪造者而言，全套制造技术的掌握困难程度高，制造设备的购置成本昂贵，因此其很难被复制，防伪效果非常显著。

激光彩虹全息防伪标识必须由专业的防伪公司生产。先由设计人员根据商家要求设计出激光全息效果图，再由专业激光制版厂制出母版，防伪公司根据这个母版来模压相应的激光全息膜，再通过带胶、复底、模切等过程形成可以使用的激光防伪标识。在制作过程中可以增加数码防伪技术、荧光防伪技术、超微缩防伪技术、激光烧白、超线等，从而进一步提高其防伪力度。

激光彩虹全息防伪标识色彩神奇、图像逼真、信息含量高，不仅防伪，还很美观，因而在防伪领域得到了广泛的关注和应用。

参考文献

[1] 朱焕良，许先智.服装材料［M］.北京：中国纺织出版社，2002.

[2] 郭葆青，陈莉菁.纺织材料性能及识别［M］.北京：化学工业出版社，2011.

[3] 杨乐芳.产业新型纺织材料［M］.上海：东华大学出版社，2012.

[4] 孔繁薏，姬生力.中国服装辅料大全（第二版）［M］.北京：中国纺织出版社，2008.